夏晓飞 童行者 编著 赵莹 绘

和孩子一起认识中国植物

树木

化学工业出版社

·北京·

内容简介

春天，蔷薇科你追我赶地盛放着，你知道怎样分辨桃李梅樱的花朵吗？夏天，映日荷花别样红，你知道荷花为什么能出淤泥而不染吗？秋天，层林尽染，你知道能让万山红遍的植物有哪些吗？冬天，滴水成冰，你知道植物如何御寒吗？请打开《和孩子一起认识中国植物》这套书吧，让我们与身边常见的植物做朋友，去探索植物的智慧，去感知植物的美好！

《和孩子一起认识中国植物》第一辑共3册，分别为树木、花朵、小草。每册书讲述25种在中国常见的植物，"植物科学课"带你去探索植物的生长智慧和家族秘密，"植物文化课"带你去了解植物源远流长的文化意蕴，"趣味手工课"让你去实践植物带给人们的创意，"植物观察课"带你去发现植物的花叶果根等的细节特征。和孩子一起走近植物，去观察一棵树、一朵花、一丛草，去认识粮食、蔬菜、水果，让植物激发孩子对大自然的观察兴趣、对科学的探索欲望、对生活的热爱！

图书在版编目（CIP）数据

和孩子一起认识中国植物. 树木 / 夏晓飞，童行者编著 ；赵莹绘. --北京 ：化学工业出版社，2025. 3.
ISBN 978-7-122-47221-2

I. Q94-49

中国国家版本馆CIP数据核字第2025J5X251号

责任编辑：李彦芳　　　　　　装帧设计：孙　沁
责任校对：宋　夏

出版发行：化学工业出版社
　　　　　（北京市东城区青年湖南街13号　邮政编码100011）
印　　装：北京宝隆世纪印刷有限公司
787mm×1092mm　1/16　印张6$\frac{1}{2}$　字数140千字
2025年5月北京第1版第1次印刷

购书咨询：010-64518888　　　　售后服务：010-64518899
网　　址：http://www.cip.com.cn
凡购买本书，如有缺损质量问题，本社销售中心负责调换。

定　　价：50.00元　　　　　　　　版权所有　违者必究

走进奇妙的植物世界

小朋友们，你们是否曾经有过这样的好奇：家门口的那棵大树叫什么名字？是不是世界上所有的花朵都有香味？小草为何能"春风吹又生"？为什么父母和老师常说盘中的食物"粒粒皆辛苦"呢？植物们是怎样"睡觉"和"吃饭"呢？

十余年来，作者一直致力于带领孩子们走到户外，走进大自然，去认识身边最常见的植物和动物，通过体验式自然探究实践课，和孩子们一起踏上充满乐趣与成就感的自然探索之旅，去感受自然世界的丰富与美妙。

"比专业更有趣，比有趣更专业"，是这套《和孩子一起认识中国植物》的编写初衷。通过有趣的植物知识，让孩子们在轻松的阅读中认识中国植物。这套书共6册，分别为：树木、花朵、小草、水果、蔬菜、粮食。每一册都精选了二十余种常见且具有代表性的植物。这些植物在我国有悠久的生长历史，各自都有独特的植物科学与人文故事。书中的每一幅插画都力求准确、生动、精美，不仅能让小读者直观地观察每种植物的特征和细节，而且能提升孩子的审美力。

相信你在读完这本书后，会用全新的视角去观察身边的植物——会留意种子丰富多变的形状，能发现花朵吸引传粉者的巧思，能分辨一些看上去相似的植物到底是不是一个家族的……你一定会忍不住惊叹植物妈妈们为了生存和繁衍的奇妙智慧，会忍不住感叹植物与人们的生活原来如此息息相关，会忍不住赞叹植物带给人们如此多的创意灵感。

我为孩子们能读到如此优秀的科普书感到高兴，也真心希望小读者能常常走进大自然，在四季变化中观察真实的花草树木；去寻找书中的植物，将新知识与生活实践相结合；去感受植物的美好，爱上奇妙的大自然。

王康

国家植物园科普馆馆长

银杏 1

植物活化石

油松 6

坚毅泰然的凌云木

水杉 10

植物界的珍稀国宝

垂柳 24

诗词里的常客

桑 30

东方奇树

榕树 36

独木成林

玉兰 46

树上的冰雪仙女

梅 50

独占天下春

羊蹄甲 62

岭南倾城名花

槐 65

玉树临风

香椿 70

长寿富贵的父亲树

栾 81

绚丽四季的摇钱树

木棉 84

耀眼的英雄树

目 录

银杏

植物活化石

别名：白果树、公孙树、鸭掌树

英文名：Ginkgo

科：银杏科

花期：3 ~ 4月

分布地区：浙江天目山有野生植株，全国大部分地区都有栽种

　　银杏树的叶子像小扇子，这种独特的叶片形状让人们一眼就能认出它。它是非常稀有的中生代孑遗树种，野生银杏在国家一级保护植物中位列榜首，是著名的活化石植物。秋天，银杏独特的扇形叶片变成金色，随风飘落一地。在首都北京、安徽芜湖、辽宁丹东、江苏扬州、湖北安陆等城市，都有著名的银杏大道，成为秋天不可缺少的美丽风景。

植物科学课

穿越 3 亿多年来见你

银杏最早出现在约3亿年前的石炭纪，中生代侏罗纪是银杏家族的黄金时代，地球上除了南极洲和赤道两侧外，几乎到处都有银杏植物的踪迹。第四纪冰期袭来后，整个银杏纲大家族只有银杏幸运地逃过一劫，继续在中国的大地上繁衍生息。

有名的长寿树

银杏生长缓慢，寿命极长，从树苗到稳定产果要三四十年的周期，可以说是公公栽树，孙子吃果，因此，它又被称为公孙树。我国有很多三千多年的"高龄"银杏树，仍然枝繁叶茂，果实累累。

什么是裸子植物？

银杏是雌雄异株，只有雌树才会结"果"。之所以给"果"字打上引号，是因为银杏属于裸子植物。裸子植物，顾名思义，就是种子裸露的植物，银杏"果实"称不上果实，整个白果其实是一颗大种子，白果外面橙黄色的部分其实是它的外种皮。

"有味道"的美食

成熟之后的银杏种子白果不仅变了颜色，还会产生一种臭臭的味道。我们在市场上买到的其实是它的胚乳。它的胚乳富含淀粉，味道甜美，于身体有益。白果虽好，却不能多吃，更不宜生吃，这是因为它的胚乳里含有多种微量毒素。通过煮或烤白果，可以使氰苷这样的毒素挥发，降低毒性。

叶片上的分裂

你仔细观察过树叶吗？有些植物的叶片上有不同程度的分裂。根据叶片上裂片数量的不同，可以有2裂、3裂、5裂、多裂等不同情况，有的银杏嫩枝上的叶片就会出现先端2裂。除了先端分裂，有时整片叶子也可分裂，比如五角槭的叶片就是整个叶片5裂。

银杏叶　2裂
5裂　五角槭
3裂　三角槭
多裂　鸡爪槭

趣味手工课
金色玫瑰花

植物文化课
从古至今的珍品

古人也非常喜欢银杏，称它为鸭脚，主要是因为它的树叶扁平分叉，形状像鸭子的脚掌。唐宋时期，银杏可以作为进献朝廷的贡品，足见其珍贵。北宋的欧阳修得到朋友赠送的银杏，曾赋诗"鸭脚虽百个，得之诚可珍"，表达了和友人的友谊，也流露出对银杏的喜爱之情。

赠古泉上人

明 · 刘熠

花深竹石迷过客，
露冷莲塘问远公。
尽日苔阶闲不扫，
满园银杏落秋风。

秋天，银杏树叶变成金黄色，风一吹，落满一地。无论是色彩还是形状，秋天的银杏叶都非常适合做创意手工。

植物观察课

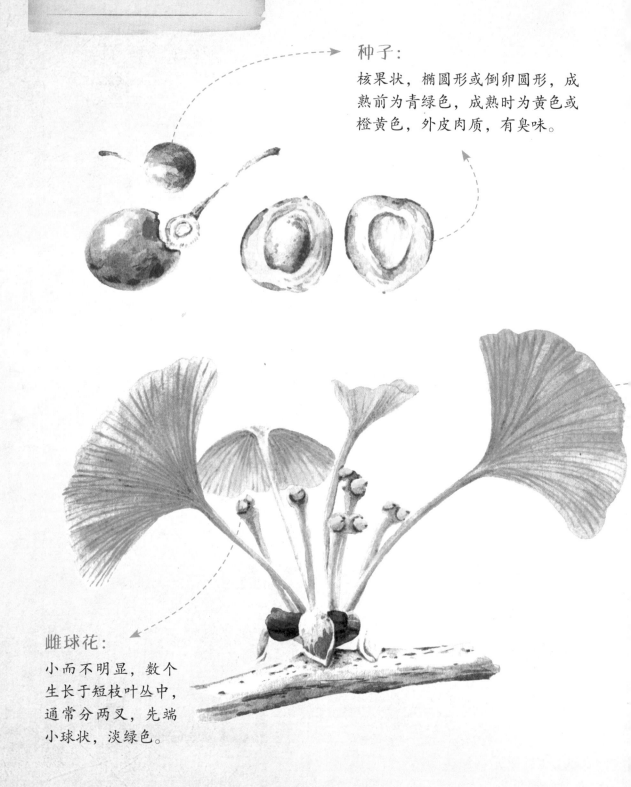

种子：

核果状，椭圆形或倒卵圆形，成熟前为青绿色，成熟时为黄色或橙黄色，外皮肉质，有臭味。

雌球花：

小而不明显，数个生长于短枝叶丛中，通常分两叉，先端小球状，淡绿色。

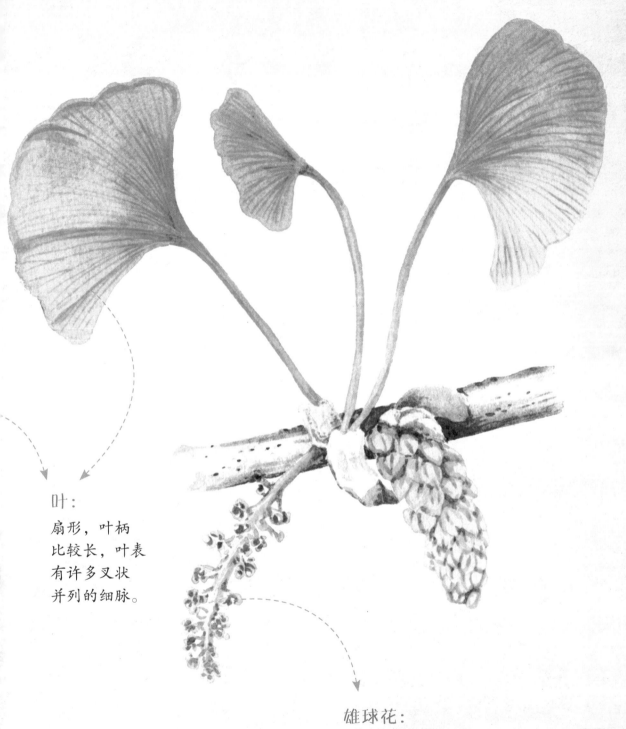

叶：
扇形，叶柄
比较长，叶表
有许多叉状
并列的细脉。

雄球花：
生长在短枝顶端，长圆形
穗状花序，下垂，淡黄色。

油松

坚毅泰然的凌云木

别名：红皮松、短叶松
英文名：Chinese Pine
科：松科
花期：4 ～ 5 月
分布地区：全国多地均有
分布

油松是我国特有的树种，古人说到的"松"多指油松。它四季常青，能够抵抗风霜严寒，是我国北方地区最主要的园林绿化树木之一。油松树皮粗粝厚重，树干粗壮直立，有时也能长成弯曲多姿的树干，显得格外苍劲挺拔。它的树冠幼年时为塔形或者圆锥形，中年时期呈现卵形或不规则梯形，老年油松的树冠为平顶，呈扁圆形、伞形等。黄山的迎客松、泰山的五大夫松，都是油松。北京北海公园内有一棵古油松，高21米，胸径近1米，枝叶浓密，树荫下清风徐徐，被乾隆帝封为"遮荫侯"。

植物科学课

松科家族的其他成员

我国盛产松树，南方有马尾松，北方有油松、红松、白皮松、雪松，还有南北方都有的华山松。

华山松树皮光滑，针叶5针一束，球果呈长圆形。和其他松树相比，它的球果硕大饱满，最长可达20厘米。我国的食用松子主要来自华山松和红松。

白皮松的树皮由不规则的斑块组成，以深浅不一的灰绿色为主，混有黄、褐、红色，像穿着迷彩服一样。不同树龄的白皮松的树皮颜色也不一样，老树树皮呈灰白色。它的针叶3针一束，比较粗硬。它的松果比油松的松果大一圈，上面有凸起的小刺。

雪松原产于喜马拉雅山脉。它的球果种鳞极易脱落，掉落到地上时犹如一朵含苞待放的山茶花，是松果界的"颜值担当"了。

美貌的松果

白皮松松果

油松松果

华山松松果

雪松松果

红松松果

马尾松松果

飞走的松子

油松球果成熟时，一层层像鳞片的"种鳞"会张开，在每一枚种鳞的最深处，藏着两枚松子。油松的松子个头很小，大约只有小朋友的小拇指指甲那么大，但种子的"翅膀"可不小。当球果裂开时，种子们就在"翅膀"的帮助下飞走了。

特别的"花"

油松雌雄同株。每年春天新生长的枝条上都会长出许多黄色小球，这是油松的雄球花，层层鳞片把它们包裹起来。在枝条的最顶端，你会发现紫色的小花正在悄悄开放，这是雌球花，它会慢慢长成我们熟悉的松果，这个过程通常需要两三年的时间。

植物文化课

正气凛然 坚贞高洁

在文人眼中，松树有傲霜斗雪、不畏严寒的坚贞与高洁，体现了气节与品质，这正是文人心中傲视权贵、正气浩然的理想。南宋出现了"岁寒三友"的说法，也正是取了松、竹、梅傲凌风雪、不畏霜寒的品性，以此比喻士人的品节。

赠从弟（其二）

东汉·刘桢

亭亭山上松，瑟瑟谷中风。

风声一何盛，松枝一何劲。

冰霜正惨凄，终岁常端正。

岂不罹凝寒，松柏有本性。

趣味手工课

松果麦克风

形态各异的松果可以用来举办一场松果音乐会，你可以轻松制作出松果麦克风、松果沙槌、松果竖琴、松果花篮等。松果麦克风的制作方法：几根树枝加上油松的果实，再来点鲜花点缀，一个麦克风就做好了。

植物观察课

叶:
针形，一般
2针一束。

雄球花:
生长在新枝下部，
多枚聚生成穗状，
鲜黄色。

雌球花:
长在新枝的顶端，单生或数枚，
刚长出来时为红色或紫色，之后
逐渐转为绿色。

球果:
雌球花成熟后发育为球果，
松果有多层鳞片，
鳞片间夹着松子。

树皮:
灰棕色或褐灰色，
有不规则鳞状深裂，
裂缝呈红褐色。

水杉

植物界的珍稀国宝

别名： 梳子杉、水桫

英文名： Metasequoia

科： 柏科

花期： 4～5月

分布地区： 野生水杉仅分布在我国四川、湖北及湖南等地，后多地引种

　　水杉被称为"植物界的大熊猫"，是来自恐龙时代的孑遗植物，是我国的特产，是第一批被列为国家一级保护植物的珍贵树种。水杉对于科学家研究古植物、古气候、古地理地质以及植物形态学、分类学和裸子植物系统的发育都有着非常重要的意义。

　　水杉，树体高大，可以长到40多米高，树形犹如一座宝塔。它喜光，生长速度快，适应性强，树干笔直优美、常用于绿化和造林，在沿海防护林中也被大量栽种。水杉的树叶长得像鸟儿的羽毛，扁平而柔软。深秋，水杉树叶会变成黄色或铁锈红色；寒冬，水杉的叶子全部落尽，只剩下挺拔的树干和遒劲的树枝。

植物科学课

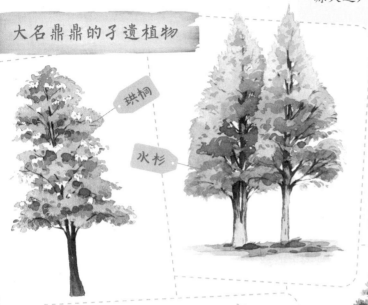

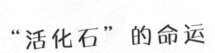
大名鼎鼎的孑遗植物

珙桐

水杉

银杏

水松

鹅掌楸

什么是孑遗植物？

孑遗植物也叫作活化石植物，它们起源久远，在新生代第三纪或更早就有广泛的分布，其中大部分因为地质、气候的变化而灭绝，只存活于很小的范围内。这些植物的形状和我们在化石中发现的植物基本相同，保留了它们远古祖先的原始形状。孑遗植物的近缘类群大多已经灭绝，因此它们也是比较孤立、进化缓慢的植物。银杏、水松、水杉、珙桐、鹅掌楸，都是中国特有的孑遗植物。

"活化石"的命运

尽管水杉已经在世界多地被栽培了70多年，但是至今也没有野生水杉的相关报道。这主要是因为水杉种子的萌发对温度要求比较高，自然状态萌发率极低。可见，如果没有人类不断地补充新苗，"活化石"水杉可能真的会变成"化石"。

来自恐龙时代的植物活化石

早在一亿多年前的中生代白垩纪，水杉遍布整个北半球。但是在两百多万年前的新生代第四纪冰期后，喜欢温湿环境的水杉几乎灭绝。幸运的是，我国的冰川是间断性的高山冰川，那些没有冰块的狭小区域成为少数植物的"避难所"，其中一种水杉就这样在第四纪冰期的灾难中幸存下来，成为我国特有的植物活化石。

走向全世界的友谊使者

如今，水杉不仅在我国广泛分布，而且被80多个国家和地区引种栽培，这个曾经像大熊猫一样的世界罕见的珍稀植物，已经在世界各地生根发芽，成为连接中国与世界各国人民的友好使者。

植物文化课
学名里藏着的秘密

水杉是一种神秘的植物，在古书中很少看见对它的记载。大量物种在第四纪冰期灭绝，植物学家曾一度认为水杉也因灭绝而从地球上消失了。直到1948年，我国的植物学家在湖北发现并且鉴定了水杉，轰动了世界植物学界。水杉的拉丁学名"*Metasequoia glyptostroboides* Hu & W.C. Cheng"中的"Hu"和"Cheng"指的就是鉴定它的胡先骕和郑万钧两位植物学家。

趣味手工课
孔雀水杉

水杉的羽状复叶状小枝非常漂亮，像一根长长的羽毛，可以用它的落叶拼一只漂亮的水杉孔雀。

制作方法：
1. 在水杉林中捡一些漂亮的树叶、好看的种子和石头。
2. 将叶片摆成扇形，用漂亮的种子和石头做点缀。
3. 再用一些大大小小的石头摆成孔雀的身体。

植物观察课

春季

秋季

雌球花:
单生于侧生小
枝的顶端。

雄球花:
排成总状或
圆锥状花序,
较小。

球果:
近球形,微具四棱;
种子扁平,
周围有薄翅。

叶:
线形,在侧枝
上排成羽状,
交互对生。

侧柏

沧桑遒劲的吉祥树

别名： 香柏、扁柏、香树、香柯树

英文名： Oriental Arborvitae

科： 柏科

花期： 3 ~ 4 月

分布地区： 我国东北、华北、华东、华中、西南等地

　　侧柏原产于我国，四季常青，枝叶繁茂，栽培历史悠久，是我国应用最广泛的园林绿化树种之一，常被栽种在园林、寺庙、祭祀场所等地方。古代所说的柏或柏树，通常指的就是侧柏。在很多古建中常常可以看见树龄数百年的古柏，巍然耸立，遒劲沧桑。

　　之所以被称为侧柏，是因为它的枝条扁平，好像被压扁了一样。幼年侧柏的树冠像尖塔，老年侧柏的树冠变得宽阔浑圆起来。侧柏和圆柏都是柏科常见的树种。

植物科学课

生活中的侧柏

侧柏的木材坚韧致密，有香气，耐腐力强，可以用来建造建筑、桥梁、舟船，也可用来制作家具、细木工艺品等。相关研究表明，用侧柏的蒸馏提取物制作的精油具有强大的消炎杀菌的作用，对金黄色葡萄球菌、白色念珠菌都有灭杀效果。古时候，民间以侧柏树叶制酒，认为服用可以使人耐寒暑。今天在荆楚一带，仍流行将侧柏叶泡酒，在元旦时全家共饮，以祈长寿。

一树两叶

桧柏，又名圆柏，是柏科家族的另一位成员。它具有两型叶，很神奇。"圆柏苗苗"上全是刺形叶，每一片叶子像针似的刺手。长大后的圆柏会同时有刺形叶和鳞形叶。老圆柏树上都是鳞形叶，叶子像一片一片的小鱼鳞。

世界柏树之父

柏树寿命极长，在陕西黄陵县轩辕黄帝陵庙内有一棵"轩辕柏"，高20米，胸径近10米，七个人才能合抱。它距今已有4000多年了，传说是轩辕帝种下的。

植物文化课

岁寒不凋 志存高远

侧柏枝叶入冬依旧青翠，人们常常将它和松树并称，在《史记》中就有"松柏为百木长"的说法。它枝干挺拔、岁寒不凋，常被看作是有德行、有志向、坚强忠毅的树木，志存高远的士大夫们用它言自身之志。杜甫就在长诗中借由对傲雪挺立的古柏的赞颂，表达了对诸葛亮的崇敬，抒发了自己壮志难酬的悲愤之情。

古柏行（节选）

唐·杜甫

孔明庙前有老柏，
柯如青铜根如石。
霜皮溜雨四十围，
黛色参天二千尺。

15

植物观察课

花：
雌球花蓝绿色，近球形，生有凸起；
雄球花细小，
黄褐色，卵圆形。

叶：
鳞形叶，聚集成扁
平的枝条，侧生。

球果：
雌球花变为肉
质球果，成熟
时转为木质，
红褐色，裂开
时像朵小花。

茎：
树皮深灰色，
有纵裂。

种子：
椭圆形或卵圆形，
无翅或有极窄之翅。

棕榈

南国风情的代表

别名：中国扇棕、棕树、山棕

英文名：Palm

科：棕榈科

花期：4月

分布地区：我国长江以南各省区

棕榈是热带和亚热带地区最常见的植物之一，属于高大威猛的棕榈科，也是家族中最耐寒、分布最广的一种。它和棕榈科家族的其他成员们呼朋引伴地站立在热带城市的道路两边，是热带风情的代言人。棕榈树喜欢温暖湿润的气候、喜欢阳光，树姿挺拔，圆柱形的树干粗壮敦实，很少有分枝，叶片宽大，遮天蔽日，开的花却细小而密集。

植物科学课

棕榈家族的明星们

棕榈科的另一位明星是椰子树，它也是热带景观的重要植物，而且全身上下都是宝，椰汁可以饮用，椰肉（实际是未熟的胚乳）可以直接食用，椰子壳还可以制成各种装饰品。

奶茶配料中的西米主要来自棕榈科家族的另一位成员——西谷椰子树。西米并不是树的果实，而是从树干等处提取的淀粉加工制成的。西谷椰子树的寿命为10～15年，一生只开一次花，开花后几个月，树干就会枯死。于是，生活在马来半岛、印尼诸岛等地的当地人会算好时间，在它开花前砍倒树木，提取淀粉做成西米。

植物文化课

百宝之树

从古至今，人们都喜爱棕榈，是因为棕榈树的任何一个部位都可以为人们所用。"青青棕榈树，散叶如车轮"，它宽大的叶子可以用来制作蒲扇，棕皮的纤维可以编织蓑衣、绳索和渔网。大文豪苏东坡曾专门写了一篇《棕笋》，被他做来吃的"鱼子"其实是棕榈的花。棕榈小而繁多的花，又名"棕笋""棕鱼"，在将开未开时口感最佳。

棕笋
宋·苏轼

赠君木鱼三百尾，中有鹅黄子鱼子。
夜叉剖瘿欲分甘，篸龙藏头敢言美。
愿随蔬果得自用，勿使山林空老死。
问君何事食木鱼，烹不能鸣固其理。

趣味手工课

棕榈编织

棕榈的叶子可以用来编各种手工艺品，你可以试着编一只小鸟。

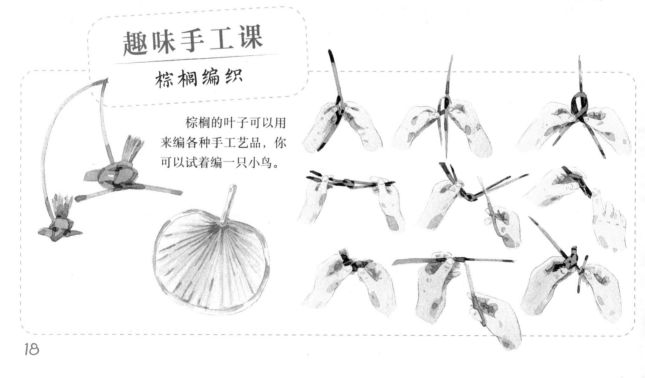

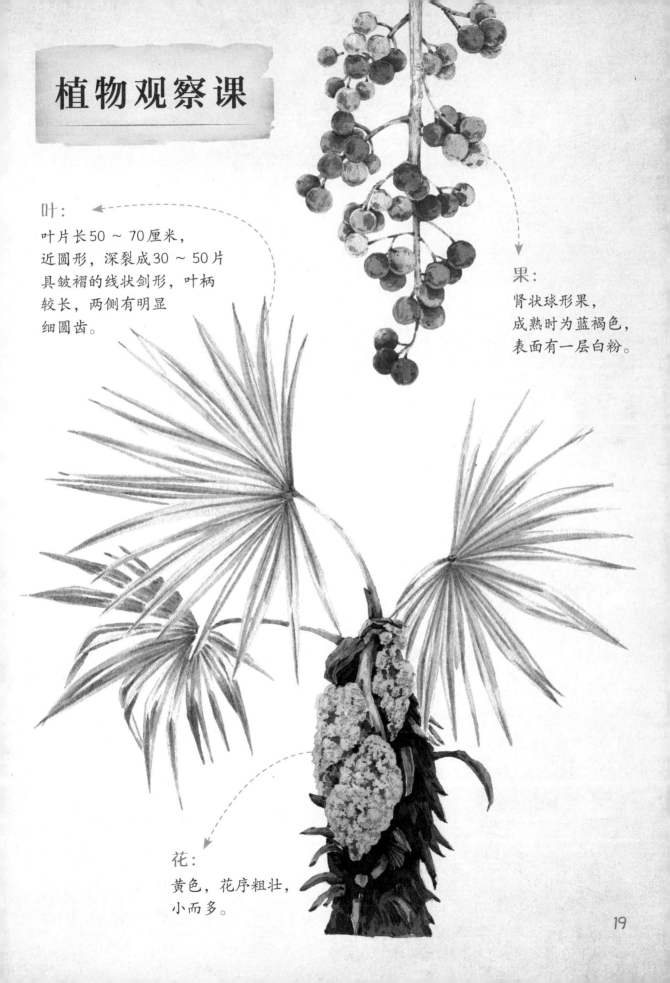

植物观察课

叶：

叶片长50～70厘米，近圆形，深裂成30～50片具皱褶的线状剑形，叶柄较长，两侧有明显细圆齿。

果：

肾状球形果，成熟时为蓝褐色，表面有一层白粉。

花：

黄色，花序粗壮，小而多。

毛白杨

根深叶茂的卫士

别名： 白杨树、大叶杨、响杨、笨白杨

英文名： While Poplar

科： 杨柳科

花期： 3 月

分布地区： 全国各地均有栽种

　　古时候所说的杨树有两种，一种是南北都可以见到的青杨，另一种就是北方比较多的白杨。毛白杨是适应性很强的树种，生长快、耐干旱风沙，长得又高又直，枝繁叶茂，被广泛栽种，主要用做防护林、行道树和园林绿化。今天，常见的行道树中有毛白杨和加拿大杨。

　　毛白杨每年春天先开花后长叶，树上"肉乎乎的毛毛虫"是它的花序，由许多褐色的小花聚集在一起，形成柔软的穗状。叶子介于三角形和卵形之间，边缘有明显的锯齿。毛白杨的树皮呈灰白色或黑灰色，树干上有好多"眼睛"一样的斑痕。

植物科学课

树干上的"大眼睛"是如何形成的？

杨树易种易活，为了使杨树长得又高又直，园丁会给它们修枝打杈，修剪掉部分老旧枝条，把养分集中到主干上。断枝后留在树干上的瘢痕，就成了我们看到的"大眼睛"。

无风自动的独摇

白杨的叶片宽大，长得比较密集，稍有微风吹过，叶片就会随风摇曳不止，彼此碰撞，发出"唰唰"的响声，古人称之为"无风自动"，给它起了个别名——独摇。

趣味手工课
"拔根儿"游戏的最佳材料

杨树的叶子是最合适玩"拔根儿"游戏的。"拔根儿"，就是将落叶的"叶片"去掉，只留下叶柄，然后两人各自持一根，相互十字交叉，使劲用力向后拉扯，叶柄不断的人获胜。杨树叶的叶柄结实，韧性十足，是"拔根儿"游戏的不二之选。根据经验，深绿色的叶柄比浅绿色的叶柄更结实一些。

植物文化课
萧萧惹人愁的白杨

先秦时期，白杨树下是情人约会的场所，后来它却带上了一层让人忧伤的色彩。杨树树叶相互碰撞摩擦的声音听上去凄凉萧瑟，因此，从汉朝到唐宋，它时常被栽种在墓地陵园周围，无论是白居易的"悲风不许白杨春"，还是李白的"悲风四边来，肠断白杨声"，都把白杨树当作悲伤的象征。明朝以后，杨树的"忧伤"不再为人们关注，反而作为速生木材被人们看重，成为"杨槐榆柳"北方四种常用木材之一。

古诗十九首 去者日已疏
汉·佚名

去者日以疏，来者日以亲。
出郭门直视，但见丘与坟。
古墓犁为田，松柏摧为薪。
白杨多悲风，萧萧愁杀人。
思还故里闾，欲归道无因。

植物观察课

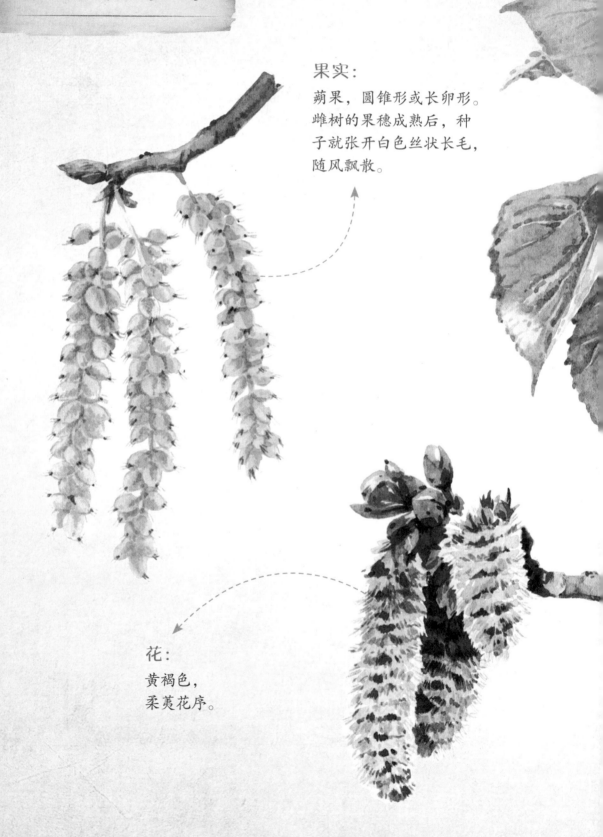

果实：
蒴果，圆锥形或长卵形。雌树的果穗成熟后，种子就张开白色丝状长毛，随风飘散。

花：
黄褐色，
柔荑花序。

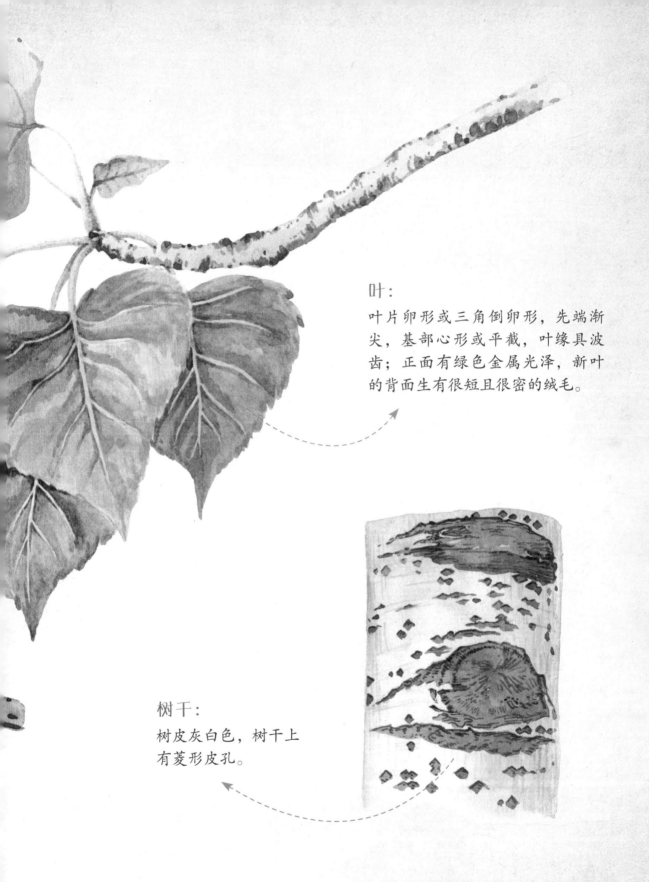

叶：

叶片卵形或三角倒卵形，先端渐尖，基部心形或平截，叶缘具波齿；正面有绿色金属光泽，新叶的背面生有很短且很密的绒毛。

树干：

树皮灰白色，树干上有菱形皮孔。

垂柳

诗词里的常客

别名： 柳树、垂丝柳、垂枝柳、清明柳

英文名： Weeping Willow

科： 杨柳科

花期： 3 ~ 4 月

分布地区： 全国各地均有栽培

　　柳树，是我国人工栽培最早、分布范围最广的植物之一。早在早白垩纪，柳树就已经存在。殷商时期的甲骨文中已经出现了柳字。常见的柳树除了垂柳，还有旱柳、爆竹柳、白柳。不同地区，柳树的种类也不同。我国东部地区比较多的是枝条柔软下垂的垂柳，更寒冷的东北和更干旱的西北地区则旱柳较多，其枝条上扬而不下垂。

植物科学课

一树分雌雄

柳树是雌雄异株，春季花期是一年四季中最容易区分柳树雌雄的时候。柳树先长叶后开花，花序为柔荑（tí）花序，雌花上带有细小的黄色花柱，雄花比雌花略长。还有不少树木也是雌雄异株，如杨树、白蜡树。

"无心插柳柳成荫"是真的吗？

我国古代的草药师很早就发现柳树皮具有解热镇痛的功效，后来，科学家们发现捣烂的柳树皮汁中含有水杨酸——阿司匹林的主要成分。水杨酸有类似生长激素的作用，可以使柳树抢先抽芽，让它拥有极强的生命力。因此，剪下一截柳枝扦插，确实更容易成活。

柳絮到底是什么？

柳絮里面含着柳树的种子，很小。种子上面有白色丝状绒毛，会如飘絮一样随风飞散。只有雌树才会产生柳絮，成熟后的雌花花序中的果实裂成两瓣，"柳絮"就随风飘出来了。如果在三四个小时以内，成熟的种子接触到湿润的土壤，它就有可能落地生根。

你见过柳树上的"毛毛虫"吗？

你肯定看到过柳树和杨树上的"毛毛虫"，放到植物学中，我们把它叫作柔荑花序，是花轴较小的单性穗状花。要知道，"柔荑"二字比我们想象中的要更加古老，它出自《诗经·硕人》中的"手如柔荑，肤如凝脂"，意思是美人的手像初生草木一样柔嫩纤小。

趣味手工课

吹响春天的柳哨

清明节前后，柳树刚开始发芽，此时柳树皮的韧性很好，可以做成哨子，最好用旱柳的柳枝。

柳哨制作方法如下。

一选：从柳树上折取两年生的绿色直条，选无枝丫平直的柳条，剪成5～10厘米的段儿。

二拧：用双手的拇指与食指捏住柳条，用力扭动，使柳树皮和形成层脱离木质层。

三抽：用指甲盖将木质层顶出，确保柳树皮不破裂。

四削：柳皮整个脱离后，用刀将柳哨口修平整，柳哨就制作完成了。

五吹：将柳哨含在口中，吹出自己喜欢的曲调。

植物文化课

我是诗人的最爱

柳树是春天最早发芽的植物之一，浅黄柔嫩的小芽如碧玉一样挂在树枝上，正如贺知章的名句"碧玉妆成一树高"。柳与"留"谐音，折柳送别是古代的一种风俗，因此，柳树在抒发离愁别绪的诗词里经常出现。古时候车马慢，交通不便，相见难，诗人们期待柳树能留住亲友，正所谓："春风知别苦，不遣柳条青。"

劳劳亭
唐·李白

天下伤心处，
劳劳送客亭。
春风知别苦，
不遣柳条青。

27

植物观察课

雌花：

柔荑花序，若干朵小花组成穗状，花序轴被短毛，有细小的黄色花柱。

叶：

线状披针形或狭披针形，长9～16厘米，先端长渐尖，基部楔形，边缘有细锯齿。

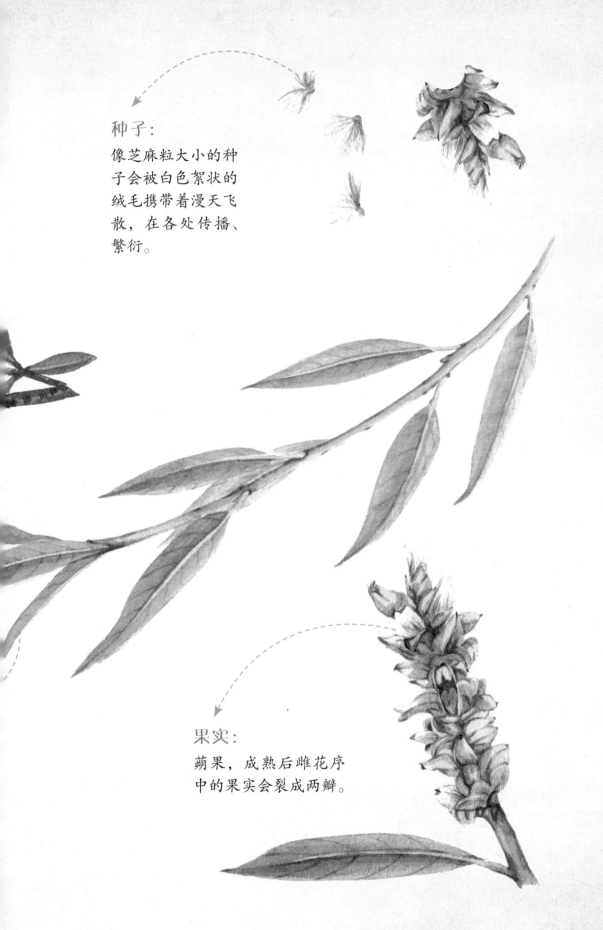

种子：
像芝麻粒大小的种子会被白色絮状的绒毛携带着漫天飞散，在各处传播、繁衍。

果实：
蒴果，成熟后雌花序中的果实会裂成两瓣。

29

桑

东方奇树

别名：桑树、家桑、蚕桑
英文名：Mulberry
科：桑科
花期：4～5月
分布地区：原产于我国中部和北部的山野，现东北至西南各省区、西北至新疆均有栽培

　　桑树是最早被中国人记录的木本植物之一，殷商时期的甲骨文中就有桑这个字了。我国是丝绸之国，丝绸以蚕丝为原料，蚕以桑叶为食。在古代，桑树与人们的衣食住行息息相关，可以说是最贴近生活的树木。

　　桑树是雌雄异株，雄树只开雄花不结果，雌树结果。果桑是专门选育、杂交出来的用来产果的桑树。桑树有很多品种，果实的颜色和形状也各不相同。我国是世界上桑树品种最多的国家。

植物科学课

桑葚聚花果

聚花果与聚合果

桑葚的果实是聚花果，果实里的每一个小球都是由一朵花发育而成的，中间有一条果柄，看起来就像是一串迷你葡萄。和它长得很像的黑莓、草莓、覆盆子等，这些果实则是聚合果，果实的每个小球实际上都是一个单果，聚合在花托之上，组成一个大果实。仔细看，在聚合果的大果实的果柄处是有萼片的。

桑树传粉的秘密武器

桑树的传粉方式为风媒传粉。科学家通过实验发现，桑树雄株的雄花花粉可以在空气中飘出200多米远，其秘密武器是强大的弹射装置。桑树花朵释放花粉时，会以每秒200米的速度瞬间弹射。

植桑养蚕

在古代，农桑是连在一起的。相传，植桑养蚕可追溯到黄帝夫妇，黄帝教人种桑，他的妻子嫘祖教人养蚕，这就是"嫘祖始蚕"的传说。蚕丝是一种蛋白纤维，其中97%的成分是蛋白质，还有18种氨基酸。在化纤出现之前，所有高级织物，包括绫、罗、绸、缎、绮、绢、纱……都是丝织品。

桑叶"成全"的丝绸之路

早在5000多年前，我国人民就开始种植桑树，繁育家蚕，缫丝织造丝绸了。西汉，中国的丝绸就不断被运往国外，成为东西贸易最珍贵的商品，也开启了人类历史上第一次大规模的中西贸易交流，并因此形成了影响深远的商道——丝绸之路。

高经济价值的桑树

桑叶可以养蚕，桑皮能造纸，柔韧的桑木，可用来制作家具、弓箭，桑葚可以直接食用或酿酒。李时珍在《本草纲目》中记载吃桑葚可以让人耳聪目明。用手吃桑葚时会发现，手指和舌头很容易就变成乌紫色了，这种颜色和它强大的染色能力来源于果实里的花青素。桑枝、桑叶、果穗桑葚、桑白皮（根皮）等都可入药。桑枝祛风湿，通经络。桑叶治疗风热感冒。桑葚治疗肝肾阴虚、肠燥便秘。桑白皮主治肺热咳喘、水肿。

趣味手工课
迷你蚕丝团扇

制作方法：
1. 将蚕茧的乱丝剥下。
2. 锅内加水烧开，煮蚕茧。用筷子在锅内不停搅拌，挑起丝头。
3. 将蚕丝绕圈缠在团扇扇骨上，横着缠完后，竖着缠绕。尽量缠绕均匀，直到看不到空隙。
4. 装饰扇面。

植物文化课
命运多舛的桑树

诗经中的"桑之未落，其叶沃若"，描写的就是桑树。古人喜欢在房子附近种植"万能植物"桑树。因此，古人用"桑梓"指故乡，用"桑麻"指农事，并沿用至今。古人如果能拥有少许田地和桑树，就完全可以自给自足，正如杜牧诗中所形容的隐士高人"深处会容高尚者，水苗三顷百株桑"。明朝，北方民间流传"屋前不种桑，屋后不种柳"的说法，认为桑谐音"丧"，不吉祥。

过故人庄
唐·孟浩然

故人具鸡黍，邀我至田家。
绿树村边合，青山郭外斜。
开轩面场圃，把酒话桑麻。
待到重阳日，还来就菊花。

植物观察课

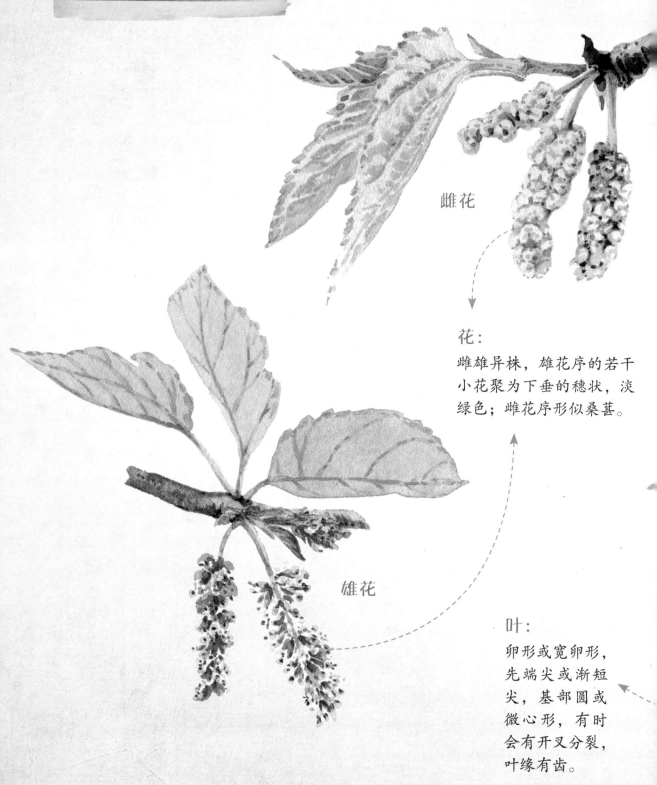

雌花

花:
雌雄异株，雄花序的若干小花聚为下垂的穗状，淡绿色；雌花序形似桑葚。

雄花

叶:
卵形或宽卵形，先端尖或渐短尖，基部圆或微心形，有时会有开叉分裂，叶缘有齿。

果实：

桑葚，聚花果，卵状椭圆形，初长出时为绿色，逐渐转为红色，成熟时为深红色或暗紫色。

榕树

独木成林

别名： 细叶榕、红榕、万年青

英文名： Banyan

科： 桑科

花期： 5 ~ 6月

分布地区： 分布于我国华南和西南

　　榕树喜阳、喜湿，树干强壮，有下垂的气生根，生长迅速，有的榕树能长成9层楼那么高，巨大的伞状树冠撑起一片阴凉。因此，榕树在南方被广泛用作行道树。它高大遒劲的气概被人们喜爱，被温州、福州等南方城市选为市树。

植物科学课

榕树的花在哪儿？

榕树和无花果同为桑科榕属植物，它们的花在植物学中都被称为隐头花序。榕树的小花全部藏在如同果子一样的花序中，表面看好像没有开花就直接结了果实，实际上，花在内部偷偷地开放。榕树依赖动物帮它传播种子，成熟的果实是许多鸟类和灵长类动物喜爱的水果。

4.雄花期：
雄花开放，榕小蜂从蛹羽化为成虫，进入出蜂期

5.花后期：
种子成熟、隐头果成熟脱落期为3～5天

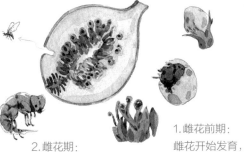

3.间花期：
榕小蜂在果内经历卵、幼虫、蛹三个阶段，受精的雌花开始发育成胚乳、种仁

2.雌花期：
雌花开放，传粉榕小蜂进入隐头果内传粉和产卵

1.雌花前期：
雌花开始发育，尚未成熟

小虫的"育婴房"

榕树的隐头花序与外界连接的通道非常狭窄，传粉成了它繁衍的一个难题。还好榕树有一位完美搭档——榕小蜂，它只有两三毫米大，可以钻进花序内部，为榕树完成传粉，也会在这里产卵化蛹。榕小蜂和榕树之间这种互相依靠、互相利用的现象被生物学家称为"互利共生"。

趣味手工课
编一个榕树花环

1.选择粗细合适的榕树气生根，把它编成花环的形状。
2.选择你喜欢的树叶和花朵插在花环上做装饰。

37

植物观察课

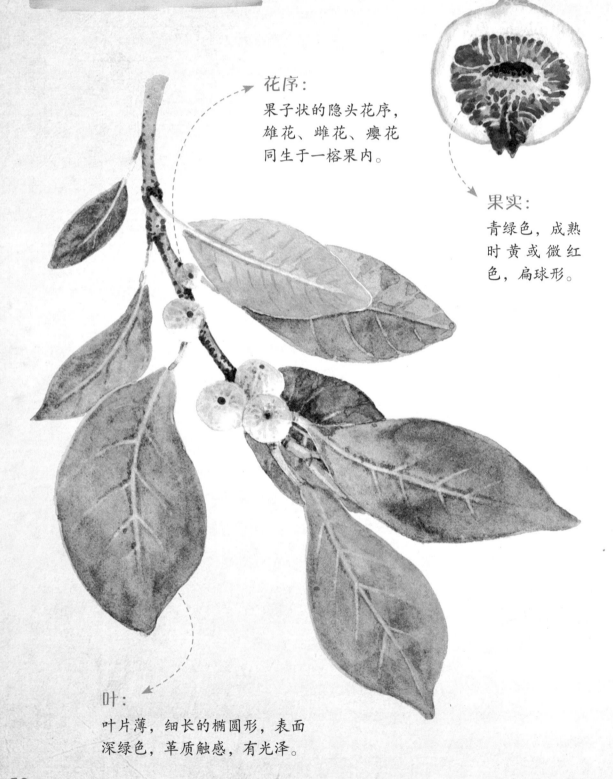

花序：
果子状的隐头花序，雄花、雌花、瘿花同生于一榕果内。

果实：
青绿色，成熟时黄或微红色，扁球形。

叶：
叶片薄，细长的椭圆形，表面深绿色，革质触感，有光泽。

榆

年年有『余钱』

别名：家榆、榆树、白榆、钻天榆

英文名：Elm

科：榆科

花期：3 ~ 4月

分布地区：东北、华北、西北、西南各省区

　　榆树在我国有悠久的栽培历史，适应性极强，耐寒、抗旱、抗风、耐盐碱，因此，古人多栽种榆树，并将其作为防护林。陕西北部的榆林，就是以榆树多而成名的。北方的春天刚刚开启，榆树的枝条上就冒出很多由暗色小花组成的花簇，是开花最早的树木之一，被称为春天的第一树花。春末夏初，榆树结出一簇簇可食用的果实——榆钱。榆钱呈扁圆形，民间称之为榆荚。

　　传说，东晋的一位大将军蓄意谋反时曾命一位沈姓参军私铸铜钱，这种铜钱被称为"沈郎钱"，其形状和颜色似榆荚，后人就以"沈郎钱"代指榆荚，榆荚慢慢被称为榆钱。榆钱谐音"余钱"，春天吃榆钱成为多地的习俗，寓意"年年有余钱"。

植物科学课

飘零的"春味"

　　榆钱，曾是人们艰难时期的救荒食物，如今也因鲜甜的"春天的味道"而被人们喜爱。无论是裹上面粉蒸食，还是与鸡蛋一起烹炒，鲜嫩中都带一点淡淡的清甜，满口春的气息。榆钱属于果实中的翅果，种子外有一层翅膀一样的皮，圆薄轻巧，依靠风力传播种子，成熟时纷纷飘落，因此得了个"零榆"的别名。

一身是宝的榆树

　　榆树木质坚硬，因此民间有"榆木疙瘩""榆木脑袋"的比喻。古时候榆木是主要的建筑木材之一，也是制作家具、车辆、农具的主要木材。榆树皮可以做人造棉，也可以入药。它还被称作"救荒树木"，树皮内层（根皮）、树叶和嫩果（榆荚）都可以吃，《广群芳谱》记载："榆钱可羹，又可蒸糕饵，收至冬，可酿酒。"

植物文化课
诗人舌尖上的榆钱

　　从古至今，无数文人墨客都为榆钱的美味写过赞美的诗句。元好问称其"一杯香美荐新味，何必烹龙炮凤夸肥鲜"；欧阳修赞它"杯盘饧粥春风冷，池馆榆钱夜雨新。"榆钱作为春天的使者，也被诗人赞颂，韩愈的"榆荚只能随柳絮，等闲撩乱走空园"，流露出诗人想要将春留住的不舍之情。

春风
唐·白居易

春风先发苑中梅，
樱杏桃梨次第开。
荠花榆荚深村里，
亦道春风为我来。

趣味手工课
榆钱窝窝头

1.采集一袋新鲜的榆钱，洗净，用小苏打水浸泡，保持翠绿，沥干。

2.加入五香粉、盐、油、面粉，搅拌成面团。

3.将面团分剂，揉捏成小山形状，大火蒸10分钟。

植物观察课

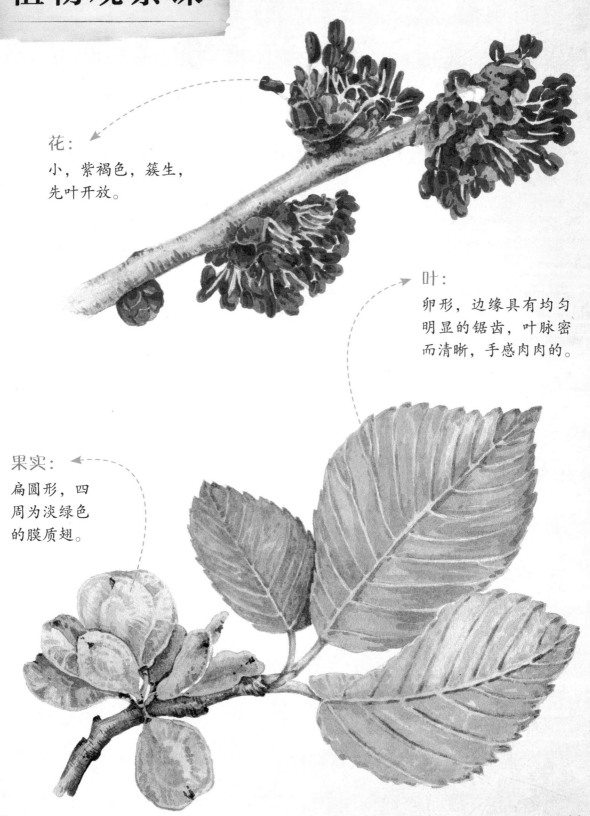

花：
小，紫褐色，簇生，
先叶开放。

叶：
卵形，边缘具有均匀
明显的锯齿，叶脉密
而清晰，手感肉肉的。

果实：
扁圆形，四
周为淡绿色
的膜质翅。

鹅掌楸

贵气优雅的行道树

别名： 马褂木、郁金香树、双飘树

英文名： Chinese tulip tree

科： 木兰科

花期： 5月

分布地区： 主要分布于西南、东南、华中、华西、华东等地

银杏、水杉、鹅掌楸，并称为世界三大"活化石"，它们是著名的孑遗植物，是我国特有的珍稀植物。鹅掌楸诞生于白垩纪，在第四纪冰期后，大部分鹅掌楸灭绝，世界上仅存两种——中国原产鹅掌楸与北美鹅掌楸。鹅掌楸的叶形和其他植物的叶片有所不同，叶片的先端是平截的，好似马褂的下摆，而宽裂片则像袖子，裂口处像马褂的腰身，整片叶片看上去就好似一个马褂，因此得名马褂木。叶片在秋季呈现出金黄色，仿佛古时皇帝赏赐的一件件黄马褂，在秋风中轻轻摇曳。

植物科学课

杂交鹅掌楸

中国鹅掌楸

北美鹅掌楸

如何分辨三种鹅掌楸

中国鹅掌楸的叶在"马褂"的肩部平整顺滑；北美鹅掌楸的叶在"马褂"的肩部多出一对小裂片，呈扁圆状；杂交鹅掌楸叶片比前二者都大，"马褂"的肩部常凸起，有时也会多出一对小裂片。它们的花也是有明显区别的：中国鹅掌楸的花被片是绿色的，具有黄色纵纹；杂交鹅掌楸的花比较大，花被片为淡黄色，有明显的橙色色块；北美鹅掌楸的花和杂交鹅掌楸的花相似，但雌蕊群比花被片低矮，不伸出花冠外。

花开朵朵似莲花

春尽夏来，就是鹅掌楸的花期。它的花构造堪称精致，内侧6个花瓣围成一圈，逐层交错叠在一起。远看，好似一盏盏酒杯点缀在枝头，也像一朵朵缩小版的莲花，端庄素雅。

宝塔状的果实

鹅掌楸的果实是聚合果，外观纺锤形。它的种子是一种翅果，里面含有1~2颗种子。数十枚片状的翅果螺旋围绕中轴排列而成，好像一座宝塔。果实成熟时，只需要一点轻微的外力，一颗颗种子就在具有特殊弧度小翅膀的带动下，像直升机旋翼一般旋转而下，四处飘散。

杂交鹅掌楸

杂交鹅掌楸是以中国鹅掌楸为母本、北美鹅掌楸为父本杂交而成的。杂交鹅掌楸生长迅速、适应性强、少有病虫害，成了优良的城市绿化行道树种。它在迎奥运树种推介会上脱颖而出，被选为2008年北京奥运会的"奥运树"。

世界五大行道树

鹅掌楸，与椴树、银杏、悬铃木和七叶树一起，并称为"世界五大行道树"。它们都拥有树形优美、枝叶繁茂、树冠浓密的特点，不仅为城市街道提供了绿荫，也为人们带来了清新的空气和愉悦的视觉享受。其中，七叶树因掌状复叶常有7片小叶而得名，清新脱俗；椴树的花虽小，却香气袭人，让人心旷神怡。

七叶树

悬铃木

鹅掌楸

银杏

椴树

植物文化课
别致的高贵

春末夏初，鹅掌楸会开出像郁金香酒杯一样的黄绿色花朵，清新雅致，古朴端庄，赢得了"中国郁金香树"的美名。秋天，霜风把鹅掌楸的树叶染成金黄色，满树都是随风摇曳的黄马褂，为秋日增添了一抹明丽。冬日，鹅掌楸树叶落尽，纺锤状的果实悬挂枝头，如同一个个"金盏"。鹅掌楸驻守地球几亿年，如同一位智者，为人们绘出了一幅别致静美的画卷。

趣味手工课
创意马褂设计

准备： 鹅掌楸落叶、彩色丙烯马克笔。

1. 捡拾收集一些鹅掌楸的落叶。
2. 发挥创意，在叶片上设计出不同款式的衣服。
3. 可以把作品挂起来展示。

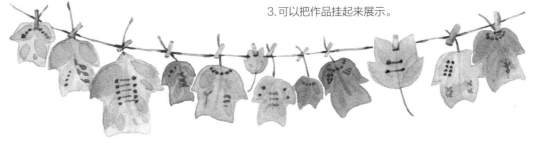

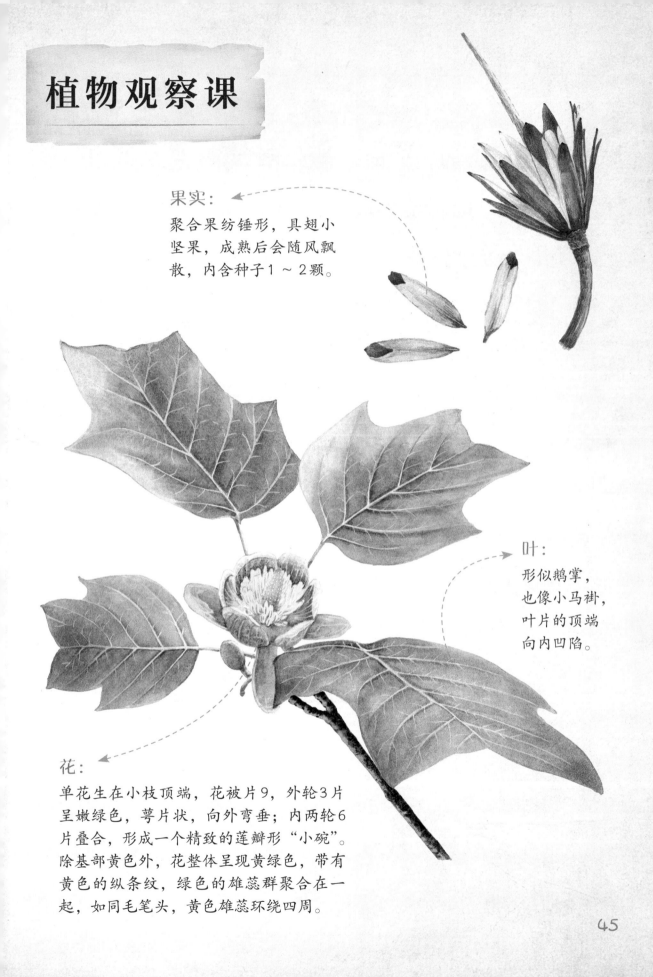

植物观察课

果实：

聚合果纺锤形，具翅小坚果，成熟后会随风飘散，内含种子1~2颗。

叶：

形似鹅掌，也像小马褂，叶片的顶端向内凹陷。

花：

单花生在小枝顶端，花被片9，外轮3片呈嫩绿色，萼片状，向外弯垂；内两轮6片叠合，形成一个精致的莲瓣形"小碗"。除基部黄色外，花整体呈现黄绿色，带有黄色的纵条纹，绿色的雄蕊群聚合在一起，如同毛笔头，黄色雄蕊环绕四周。

玉兰

树上的冰雪仙女

别名：木兰、玉树、玉堂春、望春

英文名：Yulan Magnolia

科：木兰科

花期：3～4月和7～9月

分布地区：在我国西南、华南、华中、华东各地均有栽植

　　玉兰原产于我国长江流域的中部，现在黄山、庐山、峨眉山等地都有野生玉兰。玉兰的观赏历史悠久，春秋时期就用于园林栽培，是上海市的市花。

　　玉兰为落叶乔木，树皮灰色，入冬后就可以观察到它"穿着毛皮大衣"的花芽。春季，随着气温升高，一个个毛茸茸的花芽不断膨大，最后挣破"茸毛大衣"，光秃秃的枝丫上就挂满了莲座似的洁白的花，香味清幽似兰，故名玉兰。玉兰的花瓣质地较厚，手感柔韧温润；花蕊柱像一座精巧的宝塔，雄蕊呈密集螺旋状排列，这是古老的木兰科特有的模样。

植物科学课

广玉兰
紫玉兰
二乔玉兰
玉兰

玉兰家族的其他成员

不同种类的玉兰花形状相似，但花色不同。比较少见的紫玉兰在古代被称为辛夷，在我国已经有两千多年的栽种历史。它的花苞锐如鼻头，酷似毛笔，因而还有"木笔"之称。

二乔玉兰的花朵白中略带粉紫，是由白玉兰和紫玉兰杂交而成的。二乔玉兰是世界上第一种杂交玉兰，其名称源于三国时期东吴的美女大乔和小乔，以形容它"一花双色"之美。

广玉兰，原产北美洲，现作为行道树被广泛栽种于我国长江流域以南的很多城市。它树型高大，一年四季常绿，叶片密集遮阴，先长叶，后开花，大盏的白色花朵比其他玉兰花还要大，有"荷花玉兰"的美名。

蓇葖果：最原始的果实

夏天，玉兰结出一串绿色的果实，秋天时果实变红了。植物学家将玉兰的果实命名为蓇葖（gū tū）果。成熟时，果实外面褐色的壳会沿着一条线裂开，露出一粒粒圆圆的橘红色种子。种子通过一根有弹性可拉伸的丝线与球果相连，随风晃动，召唤着鸟类和小型哺乳动物前来取食，然后请它们帮忙传播种子。食品调料中的八角也是一种蓇葖果，不妨找一粒观察一下。

"花苞"做成的"毛猴"

寒冬腊月，玉兰用毛茸茸的苞片保护着它娇嫩的花芽。紫玉兰花蕾的中药名是辛夷，具有祛风通窍的功效。相传清朝年间，京城一家中药铺的小伙计用蝉蜕和辛夷等四味中药做出了一个尖嘴猴腮的"毛猴"，就是巧妙地利用了辛夷表面密密的灰褐色绒毛与猴子身体极为相似的特点。2009年，毛猴制作技艺被列为北京非物质文化遗产。

趣味手工课
秘密书信

玉兰的花瓣在遇到外力时很容易变色，捡一些刚掉落的花瓣，用细枝在花瓣上写字或画画，让小伙伴来猜猜你写在玉兰花瓣上的秘密。

植物文化课
"玉树"临风

玉兰，古名木兰，自古就因一树圣洁的白花被人们喜爱。屈原在《离骚》中写下"朝饮木兰之坠露兮，夕餐秋菊之落英"，把清晨玉兰花中的露水比喻为玉液琼浆。盛唐年间，文人墨客将"木兰花"用作词牌。明清两代的文人常把玉兰称为"玉树"，记述园艺花木的《学圃杂疏》赞美玉兰为："千干万蕊，不叶而花，当其盛时，可称玉树。"

玉兰

清·玄烨

琼姿本自江南种，
移向春光上苑栽。
试比群芳真皎洁，
冰心一片晓风开。

植物观察课

叶:
倒卵形，叶先端突尖，
基部楔形，花落后叶片
才陆续长出。

果实:
聚合菁葖果,
厚木质，褐色,
有白色皮孔。

花:
先于叶开放,
白色花被片9片,
基部呈浅粉红色,
长圆状倒卵形,
形如水瓢。

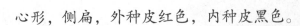

种子:
心形，侧扁，外种皮红色，内种皮黑色。

49

梅

独占天下春

别名： 垂枝梅、梅花、红梅
英文名： Plum
科： 蔷薇科
花期： 冬季至春季
分布地区： 原产于中国南方，现大部分地区广泛种植

　　梅树的原产地在中国，已有三千多年的栽培历史。中国人自古爱梅，植物四君子——梅、兰、竹、菊，岁寒三友——松、竹、梅，都有梅的一席之地。考古学家在西周早期墓葬的铜鼎里发现了残留的梅核和兽骨，由此可见，梅子很早就被用作烹饪肉类的调味料了。

　　二月，梅花逐渐盛放，它因花开时特有的清香而赢得"十里香雪"的美名。梅树浑身是宝，梅花可观赏，梅子可食用，树枝可造景，树干可焚香，梅花也被用来制作胭脂。

植物科学课

梅子与节气时令

"梅子金黄杏子肥，麦花雪白菜花稀"，梅子在寒食清明前后萌生，在暮春初夏时长得青圆可食，在江南阴雨连绵的"黄梅天"时完全成熟。在梅树被普遍栽植的古代，随处可见的梅子成了可以辨认时令节气的参照物。

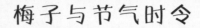

蜡梅

谁帮梅花来传粉

梅花傲雪盛放，谁来帮它传粉呢？梅花盛放于寒冬，其实是遵循演变过程中的"避让原则"，有点像我们的错峰出行。在温暖的季节，植物争奇斗艳地吸引昆虫传粉，竞争压力大，梅花凭借其特有的香味，趁着百花未开，在早春吸引第一批苏醒的昆虫冒寒前来，帮它传粉。

同名不同族的蜡梅

蜡梅，中国传统名花之一，属于蜡梅科，是落叶灌木，比梅树矮，其花、果都不同于梅树。蜡梅的果实为瘦纺锤形。蜡梅花通常是浅黄或黄色，花瓣表面有一层蜡质，摸上去也有一种蜡质感，比较硬，因此被称为蜡梅。

赏花，食果，雅俗共赏

梅树按用途分为果梅和花梅两大类。果梅是果子好吃的品种，"望梅止渴"说的就是果梅，果实就是我们最常吃到的青梅。新鲜的青梅应季时间很短，通常被加工成梅酱、蜜饯话梅、梅干、梅酒等。青梅或成熟的黄梅，微火焙干后会变成黑色，就是用来熬制酸梅汤的乌梅。通过观察梅花就能分辨它是否结果，单瓣梅通常会开花结果；观赏用的花梅多为杂交重瓣，很少能结出好吃的梅子。

植物文化课

孤霜傲雪 品性高洁

诗词歌赋中对梅的赞颂非常多，王安石的"墙角数枝梅，凌寒独自开"，写出了梅花傲雪的品质；陆游的"零落成泥碾作尘，只有香如故"，不仅写出了梅花落地后香味不散的事实，也从侧面展现出它傲然不屈、品行高洁的风骨。

赠范晔

北魏·陆凯

折花逢驿使，

寄与陇头人。

江南无所有，

聊赠一枝春。

趣味手工课

自制酸甜的青梅蜜饯

1. 将500克新鲜的青梅去蒂，用盐水搓洗干净，再用盐水浸泡3小时以上。

2. 把盐水冲洗干净，充分晾干。

3. 将青梅放入容器中，撒入70克盐，加饮用水没过青梅，盖上盖子泡3天。

4. 将泡好的青梅用饮用水冲洗干净。

5. 倒入250克白砂糖，抓匀后再腌制3天。

植物观察课

叶:
卵形或椭圆形，叶缘
常有细锐锯齿。

果实:
核果，近球形，绿
色或黄绿色，表皮
有柔毛，味酸。

花:
多数为单生，先
于叶开放，花瓣
白色至粉红色。

花萼:
通常是红褐色，
也有个别品种
的花萼为绿色
或绿紫色。

山樱花

雪落云起之浪漫

别名： 樱花、野生福岛樱
英文名： Oriental Cherry
科： 蔷薇科
花期： 4～5月
分布地区： 我国南北多地都有栽种

　　野生樱花原产于喜马拉雅山脉。秦汉时期，皇家贵族就已经开始种植樱花，盛唐时期被普遍栽种，从宫苑到民舍田间，春日，随处可见绚烂的樱花。古人流行观赏的樱花被称为樱桃花，色白如雪，这其实是山樱花和樱桃两种植物的统称。如今作为观赏的绝大多数樱花品种都源自日本。樱花是早春重要的观花树种，盛开时花繁满树，如云似霞，大片栽植可形成花海景观，极为壮观。北京的玉渊潭公园是我国北方地区樱花品种最多的公园，是很好的赏樱地之一。

植物科学课

大山樱

东京樱花

樱桃

常见的樱花家族成员

樱花家族种类繁多，我国有40多种，其中超过一半是特有物种。栽种最多的樱花有山樱花、大山樱、东京樱花等。我国原产的食用樱桃开的樱花，也和这些樱花相似。樱花家族里还有一些另类的成员，如毛樱桃、郁李、麦李、欧李等，它们都是园林绿化的常客。根据开花季节，樱花可以分为早樱、中樱、晚樱和秋冬樱；根据颜色可分为白色、红色、粉红色；既有单瓣，也有复瓣。

"暴露身份"的缺刻

每当春花繁盛，总有人分不清桃花、李花、樱花等五瓣花，它们看上去都一样美丽。其实，樱花的特征很明显，其花瓣先端有个小小的缺口，樱花树皮比较光滑，有气孔，记住这几点，就能让你在众多春花中轻松识别出樱花了。

樱花结的果实是樱桃吗?

樱花树的果实比较小,不是樱桃,有点涩,并不好吃。樱桃花和樱花都属于蔷薇科李属。一些原生种的樱树,因为花朵美丽,被培育成不同栽培品种的樱花;而一些原生种的樱,因为果实美味,被逐渐改良成美味的樱桃。原产自我国的樱桃偏橙黄色,个头小。市面上较多的樱桃(也被称为车厘子),颜色深红,个大饱满,多摘自由欧洲甜樱桃培育而来的樱桃树。

樱桃

樱花叶

果实

浪漫唯美

在古代,樱花和桃花一样,也是浸染着中国古典意味的花儿,通常在诗词中用来衬托一种唯美的氛围。唐代著名诗人白居易就很喜欢樱花,为它写下诸多诗句,如"亦知官舍非吾宅,且斸(zhú)山樱满院栽""小园新种红樱树,闲绕花行便当游",表达了对樱花的喜爱,抒发了红尘烟火中的闲适之情。

一剪梅·舟过吴江
宋·蒋捷

一片春愁待酒浇。
江上舟摇,楼上帘招。
秋娘渡与泰娘桥,
风又飘飘,雨又萧萧。

何日归家洗客袍?
银字笙调,心字香烧。
流光容易把人抛,
红了樱桃,绿了芭蕉。

趣味手工课
樱饼

1.在热水里加入适量的粉红色素、砂糖和道明寺粉,搅拌均匀后盖上盖子,静置10分钟。
2.放入微波炉中加热2分钟,再盖上盖子静置15分钟。
3.随后用筷子轻轻地搅拌,分成5份,作饼皮。
4.将分好的面轻轻压薄,包入红豆馅,最后裹上泡过水的盐渍樱叶,并用泡过水的盐渍樱花作为装饰。

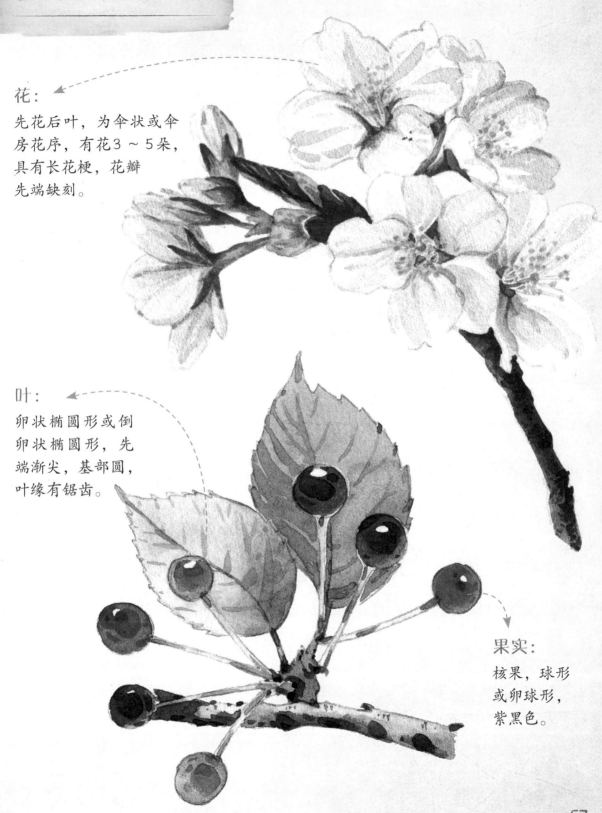

植物观察课

花：
先花后叶，为伞状或伞房花序，有花3～5朵，具有长花梗，花瓣先端缺刻。

叶：
卵状椭圆形或倒卵状椭圆形，先端渐尖，基部圆，叶缘有锯齿。

果实：
核果，球形或卵球形，紫黑色。

合欢

昼开夜合的绒花树

别名： 绒花树、合昏、夜合、马缨花

英文名： Silk Tree

科： 豆科

花期： 6～7月

分布地区： 主要分布在我国华东、华南、西南等地

合欢树，叶形精巧，花形独特，能适应干燥的气候，可种植在沙质土中，所以被用作行道树或观赏树，在我国南北各地都有栽培。合欢树能长得很高，整棵树看起来就像一把大伞。合欢花通常在傍晚开放，上午凋谢，花儿有清新的香甜气味。粉红色的扇形合欢花开在绿叶之间，远看像是落在人间的一层烟霞。合欢叶由两排小叶片组成，日暮时分，这些小叶会收拢闭合，看上去像一条条绿色的穗子；早上日出时，叶片会再次张开。

植物科学课

一朵还是许多朵？

合欢花和含羞草的花一样，都是头状花序结构，外形看上去是一朵大花，实际是由无数朵小花组成的。每朵小花吐出的细长的丝绒是它的花丝，是雄蕊的组成部分，花丝的顶端是花药，雄蕊长得如此长而纤细，主要是为了尽可能地伸展开，方便传播花粉。

叶片运动的"小马达"

在豆科植物的小叶和叶柄的基部，通常有一个膨大的部分，叫作叶枕。含羞草和合欢这样的叶片运动是在叶枕的"马达器官"的驱动下完成的。叶枕上下部位细胞聚集的水量不同，膨压也不同，于是，叶子就会随之上扬或下垂、张开或闭合。

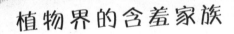

朱缨花

金合欢

含羞草

植物文化课

解忿忘忧，寓意美好

合欢花昼开夜合的习性很早就被古人记录下来，魏晋"竹林七贤"之一的嵇康在《养生论》里说"合欢蠲（juān）忿，萱草忘忧"，意思是说合欢可以消除人们心中的愤恨。古人在发生争执后，经常赠送合欢，认为这样可以消怨结好。传统习俗中，合欢寓意夫妻情深、家人和睦、邻里友好。因此，合欢花茶也是古人常喝的饮品。

菩萨蛮·雨晴夜合玲珑日
唐·温庭筠

雨晴夜合玲珑日，万枝香袅红丝拂。
闲梦忆金堂，满庭萱草长。
绣帘箧垂箍簌，眉黛远山绿。
春水渡溪桥，凭栏魂欲销。

植物界的含羞家族

有一种来自热带美洲的金合欢，属于金合欢属，在我国南方也有野生或栽培。它的分泌物会影响其他植物的生长，因此被划归为有害的外来入侵植物。另一种合欢的表亲——朱缨花，属于朱缨花属，在我国南方很常见，花开时也像个绒球一样，颜色纯红艳丽，不过它是一种灌木，长不到合欢树这么高大。此外，还有小朋友们喜欢观察的含羞草，都是同一个豆科大家族中的近亲。

植物观察课

叶：
小叶10～30对，
镰刀形或长圆形，
偶数羽状对生复叶。

60

果实：

形状像豆角一样的荚果，长约10厘米。

花：

头状花序于枝顶端排成圆锥花序，淡红色，毛茸茸的，像个半球形毛绒球，花丝细长。

羊蹄甲

岭南倾城名花

别名：紫花羊蹄甲、红荆树、玲甲花

英文名：Bauhinia

科：豆科

花期：9 ~ 11 月

分布地区：我国华南、西南地区广为栽种

　　羊蹄甲易栽培，生长迅速，幼苗两年后即可开花，因此常被作为行道树，广泛栽种在我国南方城市的街头巷尾。科学家认为羊蹄甲原产于南亚和中南半岛，我国华南地区很早就进行了引种。唐朝诗人元稹在《红荆》中写下"庭中栽得红荆树"，红荆树就是羊蹄甲。

　　暮秋初冬，南方城市的羊蹄甲进入了盛花期，它用硕大艳丽的花朵和葱茏繁茂的枝叶迎接冬季的到来，呈现出"我言秋日胜春朝"的美好景象，与北方的萧瑟形成强烈反差。羊蹄甲的花与热带兰花相似，远远望去，仿佛高大的树上盛放着许多兰花，宛如蝴蝶云集，美不胜收。羊蹄甲的花瓣是淡淡的粉色，花瓣狭长，边缘有褶皱，显得格外淡雅古朴。

植物科学课

白花羊蹄甲的风味

　　白花洋紫荆，是洋紫荆的白花变种，在每年2～4月会开出满树淡雅的粉白花朵，它掉落在地上的花朵在云南等地非常受欢迎，当地人将花朵的雌蕊去掉，洗干净后用沸水浸烫一下，换冷水浸泡漂洗，再沥干水分，就可以凉拌、炖汤、炒食、煮食，味道和口感都很好，而且还保留了花的　清香。

南北"紫荆花"

　　在北方，有一种叫紫荆的灌木，它的枝条大多是直立的。它春季开花，花朵的形状像扁豆花，花瓣圆圆的，颜色同样是紫红色，花落之后结成豆荚，随后才会长出宽大的叶片。这种紫荆花在华北、华中、华东、华南和西南地区都有栽培。

植物文化课

分离哀愁，难舍难分

　　羊蹄甲花朵盛放时灼灼满树，吸引不少文人墨客为它写下赞美诗。席慕蓉在《羊蹄甲》中描写它"花开时，整棵树远看像是笼罩着一层粉色的烟雾"；秦牧在《彩蝶树》中描绘它，"但见一树繁花，宛如千万彩蝶云集"。羊蹄甲花在凋零时又常会引起人们哀叹相聚的短暂，因此，羊蹄甲有分离哀愁的寓意。北方人对于南方常见的羊蹄甲感到陌生，这在唐朝诗人元稹所作的诗中被描绘得淋漓尽致。

红荆

唐·元稹

庭中栽得红荆树，

十月花开不待春。

直到孩提尽惊怪，

一家同是北来人。

洋紫荆

红花羊蹄甲

羊蹄甲家族

　　我国华南地区常见的羊蹄甲有三种：羊蹄甲、洋紫荆和红花羊蹄甲。洋紫荆在华南全年都可以开花，二三月开得最盛。花朵有时为紫红色，有时为淡红色，色彩有点像古时妇人化妆用的宫粉，因此也被称为宫粉羊蹄甲。洋紫荆的叶片分裂比较浅，花序也比较短，花朵显得更加紧凑，花瓣饱满鲜艳，最上部的一枚花瓣上具有眼状斑纹，开花后也可以结出豆荚状的果实。

　　红花羊蹄甲也称紫荆花，其实是由羊蹄甲和洋紫荆天然杂交而成的，它的花更加艳丽，花期也更长，但是花粉不能正常发育，因此无法授粉，无法结果，只能通过扦插来繁殖。它是香港的市花，后来也成了香港特区的标志。

植物观察课

花:
总状花序侧生或顶生，淡粉色，花瓣5片，花瓣狭长。

雄蕊:
比较明显的可育雄蕊3枚，花丝与花瓣等长。

叶:
整体近圆形，先端分裂达叶长的一半，形状像羊蹄踩出来的脚印，摸起来像硬纸。

果实:
像豆角似的扁条形荚果，成熟时裂开。种子近圆形。

槐 玉树临风

别名：国槐、豆槐、槐树、金药树

英文名：Chinese Scholar Tree

科：豆科

花期：7 ~ 8 月

分布地区：华北及黄土高原较为多见，现我国各地广泛栽种

　　"五月槐花香"，说的其实是从国外引种的刺槐，也称洋槐。它的花不仅闻起来芳香浓郁，而且吃起来满口清香。我国土生土长的槐树是国槐，是历史悠久的长寿树种，高大挺拔，枝繁叶茂，是虫类、鸟类的理想家园。国槐承载着丰富的传统文化信息。从汉代开始，古人在宫殿、庭院里栽种槐树。古人称国槐为"玉树"，"芝兰玉树"指教养良好的子弟，"玉树临风"形容风度翩翩的美男子，"玉树琼枝"比喻富贵世家的子弟。山西洪洞大槐树的传说，将海内外华夏子女紧紧地联系到了国槐的周围。国槐由此具有了崇高、庄重、忠诚、仁义等意蕴。

　　盛夏时节，道路两旁的国槐撑起一片片阴凉，绿叶中绽放着黄绿色的槐花，偶尔也可见新结的豆荚。国槐花从盛夏陆续开放，一直能延续到初秋时节。

植物科学课

身边的槐树家族

除了国槐和洋槐，常见的槐树还有引种自美国的紫穗槐，这是一种丛生小灌木。龙爪槐是国槐的变种，枝干弯曲像龙的爪子。紫花洋槐是洋槐的变种，花的颜色为紫红色。它们都是绿化造景、遮阴行道树的优良树种，也许你在家门口就可以看到它们的身影。

紫花洋槐

龙爪槐

紫穗槐

"特产"小虫

你听说过槐尺蠖吗？你对它的名字可能有点陌生，但你肯定在槐树下看见过"吊死鬼儿"，这其实就是槐尺蠖。这种爱吃槐树叶的暴食性害虫，经常会用一根细丝从树上垂下来，停在半空，突然出现在眼前，冷不丁吓人一跳。

槐尺蠖

"弹出来"的雄蕊

槐树的花为蝶形花冠，每一朵花看上去像一只小蝶。仔细观察你会发现一共有5个分离的花瓣，构成左右对称的花冠，最上边的一瓣较大，两片侧瓣较窄，最下边的两瓣联合成龙骨状，称为龙骨瓣。当传粉昆虫触碰到龙骨瓣时，藏在花冠里的雄蕊就会弹出来，将花粉播撒到传粉昆虫的身上。

国槐还是洋槐？

洋槐17世纪传入我国，与国槐同属豆科，外形与国槐相像，但枝条上有刺。国槐和洋槐开花时间不同，果实也不一样，很好分辨。国槐是七八月开花，洋槐是四五月开花。国槐的果实荚果圆胖饱满，像念珠；洋槐的果实扁平，像干豆角。我们常吃的槐花蜜是洋槐的花蜜。

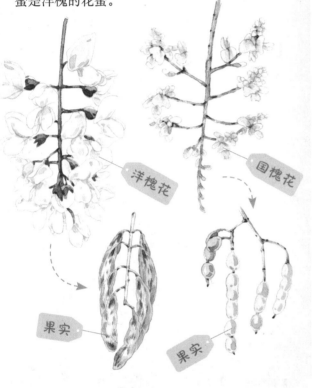

洋槐花

国槐花

果实

果实

美味槐花

每到洋槐花盛放，北方的人们就会把槐花和面粉和一起蒸着吃。国槐的花有毒，不建议食用。然而，国槐的树皮、枝叶、花蕾、花和种子都可以入药。采摘将开未开的国槐花，晾干后便是槐米。中药槐米具有凉血止血、降血压的功效。

植物文化课

槐花黄，举子忙

"槐花黄，举子忙"，生动描绘了考生准备考试的繁忙情形。农历六七月，国槐花开，正好是举子们临近大考的时候，杨万里有一首诗生动地描写了这件事，点明了槐树承载的文化内涵。传统文化中，国槐与仕途密切相关，"南柯一梦"也以槐树为故事背景。过去的多数府衙都栽种槐树，衙门也因此被称为槐衙。

芗林五十咏·槐阴墁

宋·杨万里

阴作官街绿，

花催举子黄。

公家有三树，

犹带凤池香。

植物观察课

种子：
卵圆形，淡黄绿色，
干后为褐色。

果实：
荚果，串珠状，果
皮肉质，内有种子，
种子排列较紧密。

叶:
羽状复叶，小叶对生
或近互生，卵状长圆
形，先端渐尖。

花:
圆锥花序顶生，花萼为浅钟状，
花冠为乳白色或黄白色的蝶形。

香椿

长寿富贵的父亲树

别名: 山椿、椿树、虎目树
英文名: Chinese Toon
科: 楝科
花期: 6 ～ 8 月
分布地区: 野生于我国华北、华东等地,现全国各地多有栽种

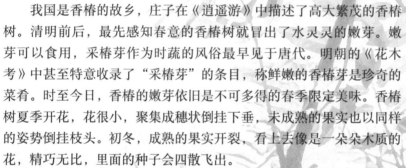

　　我国是香椿的故乡,庄子在《逍遥游》中描述了高大繁茂的香椿树。清明前后,最先感知春意的香椿树就冒出了水灵灵的嫩芽。嫩芽可以食用,采椿芽作为时蔬的风俗最早见于唐代。明朝的《花木考》中甚至特意收录了"采椿芽"的条目,称鲜嫩的香椿芽是珍奇的菜肴。时至今日,香椿的嫩芽依旧是不可多得的春季限定美味。香椿树夏季开花,花很小,聚集成穗状倒挂下垂,未成熟的果实也以同样的姿势倒挂枝头。初冬,成熟的果实开裂,看上去像是一朵朵木质的花,精巧无比,里面的种子会四散飞出。

植物科学课

香椿臭椿大不同

香椿是楝科香椿属，臭椿是苦木科臭椿属。李时珍在《本草纲目》中说："香者名椿，臭者名樗。"除了气味，它们的叶子也不同。香椿的叶子一般是偶数羽状复叶，最顶端通常是两片小叶；臭椿为奇数羽状复叶，最顶端是1片小叶。仔细观察，还会发现臭椿叶背面的边缘有小小的臭腺。臭椿的果实是一串串长圆形的翅果，长得酷似"眼睛"。香椿的果实是蒴果。香椿的树干，尤其是老树的树皮会裂成条纹状，臭椿的树干则比较光滑。

臭椿树干

臭椿叶子

臭椿果实

香椿叶子

香椿果实

香椿树干

"插翅"的种子

香椿的果实是椭圆形蒴果，像一串小铃铛，别名香椿铃、香铃子。成熟时，果皮完全开裂，里面的种子就会四散飞出。这些种子在漫长的进化中长出了"翅膀"，植物学家给它们起了个好听的名字——翅果，"翅膀"可以帮助种子借助风力飘落到更远的地方去发芽生长。

"虎目"圆睁

香椿的叶柄从树枝上掉落后，叶柄与树枝连接的地方通常会留下痕迹。人们在采食香椿芽的时候，也常常留下这样的菱形痕迹，好似一只只"圆睁"的虎目。古人就曾记录"叶脱处有痕，如虎之眼目"，香椿树也因此被称为"虎目树"。

趣味手工课
香椿小风车

1. 把香椿种子上的"花瓣"取下来。
2. 把五片"花瓣"按照风车造型依次插入一小块彩泥中。
3. 在彩泥中间插一根铁丝，吹口气让它转起来，香椿小风车就做好了。

植物文化课
长寿富贵

《庄子·逍遥游》记载："上古有大椿者，以八千岁为春，八千岁为秋。"先秦时期，椿树被作为长寿的象征。古人以"千椿"形容千岁；以"椿寿"为长辈祝寿，祝愿长辈像椿树一样长生不老；以"椿庭"一词指代父亲。诗人杨万里在为母亲祝寿时写下"泛以东篱菊，寿以漆园椿"的祝福语，意思是希望母亲能像陶渊明采菊东篱下一样悠然自在，像大椿树一样长寿。香椿树还被看作是富贵的象征。晏殊的《椿》就借用了庄子与椿树的典故，道出了自己的志向。

椿
宋·晏殊

峨峨楚南树，
杳杳含风韵。
何用八千秋，
腾凌诧朝菌。

植物观察课

叶：
卵形小叶构成羽状复叶，小叶数量通常为偶数。

花：
白色，小且细碎，聚集成下垂的聚伞圆锥状花序。

种子：
上端有膜质长翅。

果实：
卵形，成熟后果皮裂开，铃铛状，被称为香铃子。

元宝槭

霜叶红于二月花

别名：元宝枫、元宝树、平基槭、五角枫
英文名：Maple
科：无患子科
花期：4～5月
分布地区：我国各地多有栽培

　　元宝槭是我国的特有树种，它的两枚翅果连在一起，形状像古代的金锭元宝，由此得名。元宝槭树姿优美，叶形秀丽，是著名的秋季观叶树种。枫树，通常指的就是槭属植物中叶片掌状分裂的种类，元宝槭和鸡爪槭都是典型的枫树。"停车坐爱枫林晚，霜叶红于二月花"中的"枫"，指的是枫香树，并不是枫树。枫香树主要分布在我国华中及以南地区，它的果实就是著名的中药路路通。

植物科学课

长得像"元宝"的种子

元宝槭的种子叫双翅果，是一种翅果（又叫翼果）。种子上长出两个小翅膀，每个小翅膀里各包裹着一粒种子，靠风吹落来传播。这小小的"元宝"是松鼠冬季最重要的口粮。你可以试着向空中抛出双翅果，观察它是如何落下的。

常见的红叶植物

在我国秋季彩色树种中，元宝槭和鸡爪槭这几种槭树常被人们叫作色木或色树。除此之外，常见的秋赏红叶植物还有黄栌、火炬树等漆树科植物，以及爬山虎、山葡萄等葡萄科植物。

师出同门的"孪生兄弟"

元宝槭和五角槭属于同科同属，这"两位兄弟"在长相上十分相似：同样是五角叶，同样是元宝形果实。但仔细观察，它们还是有明显不同的：元宝槭的叶片基部是平直的；五角槭叶片基部多为凹陷的心形。元宝槭果实中心的种子和两边的翅膀几乎等长，而五角槭两边的翅膀要明显长过中心的种子。

植物文化课
枫树与槭树

朱棣迁都北京，很多南方文人到了北方后把形态相似、叶片在秋天也会变红的槭树称为枫树，槭树和枫树渐渐被混为一谈。枫叶为诗人们所钟爱，百般愁绪，万种悲情，尽数浮现于萧萧红叶之上。

枫桥夜泊
唐·张继

月落乌啼霜满天，
江枫渔火对愁眠。
姑苏城外寒山寺，
夜半钟声到客船。

趣味手工课
翅果小蜻蜓

1. 收集一些元宝槭的双翅果种子。
2. 参照蜻蜓翅膀的形状，把两个双翅果粘在一起。
3. 用彩笔点出蜻蜓的花纹和眼睛。尝试做个蜻蜓大家族，比一比谁的翅果蜻蜓飞得高。

植物观察课

果实：
翅果，两枚相连，果翅与果核大小相近。

花：
伞房花序顶生，花小，淡黄色或黄白色，雄花与两性花同株，花瓣5枚。

叶：

通常为掌状5裂，
叶基平截。

树皮：

灰褐色，深纵裂，小
枝光滑无毛。

黄栌

烟树红云

别名：黄道栌、烟树
英文名：Smoke Tree
科：漆树科
花期：4～5月
分布地区：原产于我国
西北、西南、华北

　　黄栌是北方秋季重要的观叶树种。黄栌的根系格外发达，有
很强的吸水能力，因此，它在干旱贫瘠的土地上也能旺盛生长。
黄栌树姿优美，花、叶都有较高的观赏价值。

　　初夏，黄栌用如烟似霞的粉紫色花来装扮自己，被人们称赞
为烟树。深秋，黄栌借着霜寒将树叶染成火焰一般的红色，赢得
"十万黄栌尽染红"的美誉。黄栌和它的家族成员美洲黄栌、绒
毛黄栌，好像都拥有植物魔法一样，为人们带来"万山红遍"的
壮丽秋景。北京香山、济南红叶谷等地，都遍植黄栌。

植物科学课

秋天的红叶能进行光合作用吗？

叶子中含有多种色素，比如蓝绿色或黄绿色的叶绿素、黄色的类胡萝卜素、红色或紫色的花青素等。只有叶绿素才有光合作用的功能，对于普通绿叶而言，叶绿素占有压倒性优势，自然可以正常地进行光合作用。对于秋天的红叶而言，叶绿素的合成已经停止，已有的叶绿素也被逐渐破坏，叶黄素、花青素等占了上风，所以叶片才变成黄色、红色，这样的叶子自然就不能进行光合作用了。

如烟似霞的黄栌花

黄栌花在春末夏初开放，但黄栌的不孕花，也就是没有结出种子的花，会久留枝头。这些不孕花的花梗会伸长，变为紫红色的羽毛状柔毛，远看犹如一团紫红色的烟雾萦绕在枝叶间，因此，黄栌别称"烟树"。这种不孕花很轻盈，可以协助由其他花形成的果实飘到更远的地方去传播后代。夏赏"紫烟"，秋观红叶，黄栌因此成为园林景观的首选树种。

植物文化课

不论是夏季似云似雾的"粉红罗纱"，还是秋季层林尽染的红叶景观，黄栌历来被文人墨客歌咏，诗人王维的"天寒红叶稀"，便是借深秋时节的黄栌（红叶）来抒情的。

山中

唐·王维

荆溪白石出，

天寒红叶稀。

山路元无雨，

空翠湿人衣。

趣味手工课
秋的色彩——红叶粘贴画

1.秋天，去大自然中捡些红叶。
2.准备好硬纸板、笔、剪刀和胶棒。
3.自己制作一幅创意色彩丰富的粘贴画吧！可以用红叶做成小树林或金鱼、狮子、兔子等各种可爱的小动物。

植物观察课

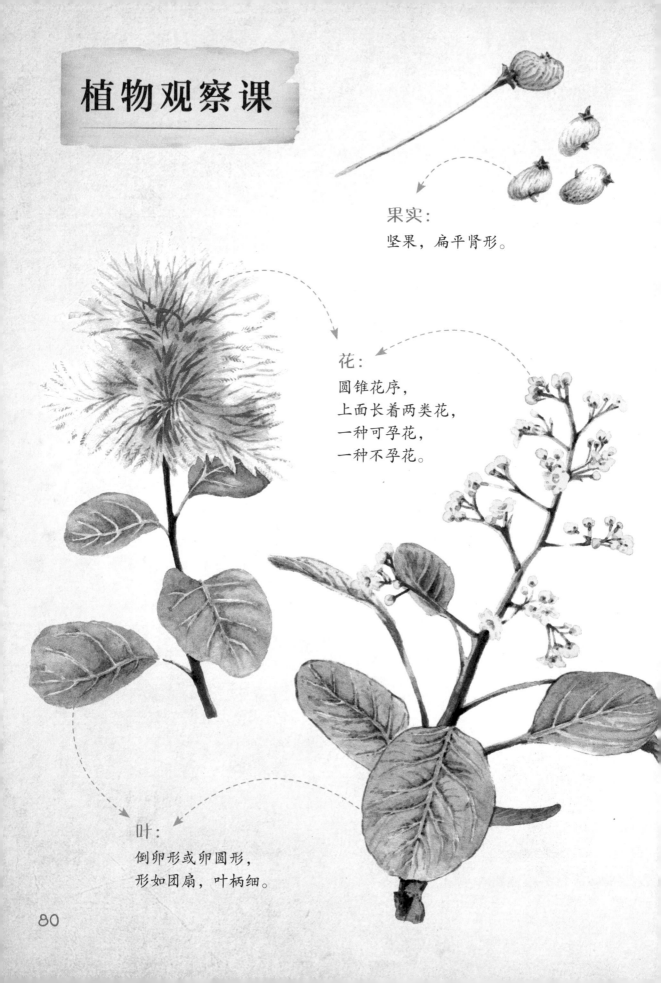

果实：
坚果，扁平肾形。

花：
圆锥花序，
上面长着两类花，
一种可孕花，
一种不孕花。

叶：
倒卵形或卵圆形，
形如团扇，叶柄细。

栾

绚丽四季的摇钱树

别名：灯笼树、摇钱树

英文名：Golden Rain Tree

科：无患子科

花期：6 ~ 9月

分布地区：分布于我国大部分省区

栾树为落叶乔木，原产于我国，在古老的《山海经》中就有对它的记载，东北地区以南都有分布。它枝干通直，树冠开阔，树叶繁茂，花期绵长，因此被选为常见的行道树。栾树夏日开花，花量较大，一树碧叶中开出半树黄花，叠翠簇金，仿佛给整棵树笼罩了一层金色的雪，十分赏心悦目。花落之后，像小灯笼一样的果实挂满枝头，艳丽的颜色让秋天都显得活泼起来，里面的种子也是鸟儿们的重要粮食。栾树的花期和果期互有重叠，性急的灯笼红果与晚开的黄花交相呼应，更显多姿多彩。

植物科学课

楷模行道树

栾树的叶子是羽状复叶，每一片小叶虽然不大，但密密麻麻地排列起来，足以撑起一整片阴凉，把阳光挡得严严实实。复羽叶栾树的叶子就更加密了。栾树的根系发达，会深深地扎进土里，向下发展，绝不会顶起人行道的地面。它萌芽快，生长速度快，很快就能长成一片树林。它对环境有很强的适应能力，耐寒又耐干旱，寿命长，耐修剪，拥有极高的颜值。因此，它是当之无愧的行道树里的楷模。

植物文化课

大夫树与天王树

古人给树木划分等级，以此作为不同社会阶层的身份象征。《礼记》记载："天子树松，诸侯柏，大夫栾，士槐，庶人杨"，写明了不同身份等级的人的陵墓植树规格，国卿大夫的坟墓旁要栽种栾树，栾树由此得了"大夫树"的名号。当佛教在我国流传开，栾树又多了一个身份——天王树。唐朝佛教兴盛时，流行用栾树果实"木栾子"制作念珠。

灯笼树

清·黄肇敏

枝头色艳嫩于霞，
树不知名愧亦加。
攀折谛观疑断释，
始知非叶亦非花。

栾树

台湾栾树

复羽叶栾树

栾树属家族的成员

在中国，栾树家族由栾树、复羽叶栾树和台湾栾树三位成员组成。栾树主要生长在北方，复羽叶栾树生长在长江流域及以南的地方，它还有个变种"兄弟"——黄山栾树。台湾栾树是我国台湾地区的特有树种。这三兄弟在树形和花朵上的区别不大，叶片与果实略有不同。南方的两种栾树的果实通红，北方栾树的果实呈青绿色。

植物观察课

果实：
空心的荷包状圆锥形，由三角形的三个薄片合成，具三棱，先端渐尖。

种子：
球形，大小如绿豆，表面光滑，成熟时为黑褐色。

花：
圆锥形花序较长，花嫩黄色，较小，花瓣基部常带有红色。

叶：
由卵形的7～15枚小叶构成羽状复叶。

木棉

耀眼的英雄树

别名： 攀枝花、红棉、英雄树、琼枝

英文名： Silk Cotton

科： 锦葵科

花期： 3 ~ 4 月

分布地区： 原产于我国华南、西南等地，现长江以南多地栽种

　　木棉，高大的落叶乔木，在我国栽培历史悠久。有关它最早的文献记载，可以追溯到晋代葛洪的《西京杂记》，书中记载南越王赵佗向汉武帝进贡了一种树，这种树就是木棉树，它"高一丈二尺，一本三柯，……至夜，光景常欲燃"。木棉，树高一般在10 ~ 25米，犹如传说中的擎天柱。木棉先花后叶，伟岸挺拔的树干缀满硕大鲜艳的红花，远看好似一团燃烧的烈火，因此，人们又叫它英雄树、烽火树。

植物科学课

木棉

梅花

紫荆

玉兰

迎春

连翘

蜡梅

先花后叶的植物

大多数植物都是先长叶后开花，但木棉却不走寻常路。它不急着长叶子，提前把花芽准备妥当，等春天一到，休眠结束，早春的温度已足够使花芽先行生长，逐渐膨大开放，而叶子在花落后才长出，所以开花的时候花团锦簇，特别惹眼。具有这种特性的植物还有梅花、蜡梅、玉兰、迎春、连翘、紫荆等。

木棉花通常为红色，钟状花萼，肉质花瓣，主要靠鸟类传粉，是广州、台中等城市的市花。

广东凉茶"五花茶"

木棉的花、树皮和根都可以入药，具有祛湿的功效。木棉花是广东凉茶"五花茶"的原料之一，人们经常拿它煮水喝。五花茶是岭南地区凉茶的代表之一，通常用菊花、木棉花、金银花、槐花、鸡蛋花五种常见的花类中草药制成。

种子的丝毛降落伞

木棉种子体形比较大，像个短粗的椭圆球。当木棉的果实成熟时，种子就会夹杂着大量的丝毛从裂开的果实中飞出。这些丝毛成了种子名副其实的降落伞。种子凭借这团棉花般的丝毛顺利实现软着陆。当然，遇上大风，丝毛就带着种子一起飘向更远的地方了。

木棉果实的丝毛枕头

木棉这个名字其实来自它的果实，古人说木棉的果实："中有鹅毛，抽其绪，纺为布。"木棉果实中的丝毛可以作为衣物、枕头、被褥的填充材料。它天然抗菌，是不蛀不霉的纺织良材。长期使用木棉填充的枕头，还有助于祛风除湿、活血止痛。

植物文化课
耀眼独立的树

纵观古今，在许多诗歌中都有木棉的身影，例如杨万里的"满城都是木绵花"，就描绘了春意盎然中惹人注目的木棉花；陈恭尹的"浓须大面好英雄，壮气高冠何落落"，描述的是殷红如血的木棉花的英雄气质；近代舒婷的《致橡树》中则借用木棉"我有我红硕的花朵"的独白，塑造了独立坚韧的女性形象。

木棉花歌（节选）
清·屈大均

广州城边木棉花，
花开十丈如丹霞。
烛龙衔日来沧海，
天女持灯出绛纱。

趣味手工课
棉絮小羊创意画

五月，木棉絮的果实就成熟了，这时只需一阵风轻轻吹过，棉絮便飞了出来。快发挥你的想象，用木棉的棉絮制作可爱的小动物吧！

材料：棉絮、黑色卡纸、颜料、胶水、剪刀、画笔等。

1. 准备一张圆形卡纸。
2. 先画上深一点的颜色，可以自己搭配。
3. 再画上浅一点的颜色。
4. 用胶水把棉花粘在纸上，做出绵羊的身体。
5. 用白色颜料画出绵羊的头和腿，最终效果就完成啦！

植物观察课

叶：
花落之后开始长叶，
掌状复叶，由5～7片
叶子组成，每片小叶呈长椭圆形，
顶端渐尖。

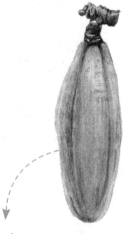

种子：
果实成熟后裂开，里面的黑色
种子和白色棉絮会随风飘散。

果实：
花朵凋谢后会长出一个
长椭圆形的木质蒴果。

花：
肥硕的花冠有5个肉质花瓣，
花朵中央有许多花蕊，花色
鲜艳，大多为红色或橙红色。

梧桐

高洁的栖凤之木

别名： 梧桐树、青桐、井桐、青皮树

英文名： Phoenix Tree

科： 锦葵科

花期： 6～7月

分布地区： 我国华北地区以南多有原生及栽培

中国梧桐，树干高大挺拔，能长到十多米高，叶片宽大，叶形优美，人们喜欢把它栽种在庭院中。"栽下梧桐树，引来金凤凰"，这句俗语来源于《庄子》中的典故，说神鸟凤凰只肯栖息在梧桐树上，因此，梧桐被当作品格端庄高洁的树。梧桐树枝繁叶茂，夏天，大人孩子都喜欢在梧桐树下乘凉。它的花小而细碎；花落之后，一串串果实挂在枝头，好像倒挂的吊钟。"一叶知秋"之"叶"，指的就是梧桐叶，秋风起，梧桐是最先开始落叶的。

植物科学课

外国梧桐与悬铃木

悬铃木是一种高大挺拔的树，叶片也是手掌状分裂，确与梧桐有几分相似。仔细观察会发现，悬铃木的叶子虽与梧桐叶一样宽大，但基部并不是心形。它的花聚集为球形，球形的花序会逐渐变为荔枝状的果实悬挂在枝头，由此得名悬铃木。

悬铃木在我国南北各地都有栽种，它们属于悬铃木科，与梧桐的亲缘关系较远。一球悬铃木原产于美国，又名美国梧桐，果实通常为单独生长，偶尔可见两个一串；三球悬铃木原产于欧洲及西亚，每串果实有3～7个，又名法国梧桐。二球悬铃木由这两种杂交而成，每串果实1～3个，又名英国梧桐。

白花泡桐

毛泡桐

植物文化课
一叶知秋的忧愁

梧桐引凤凰的传说最早来自《诗经·大雅·卷阿》中，"凤凰鸣矣，于彼高冈；梧桐生矣，于彼朝阳；萋萋萋萋，雍雍喈喈"。俗话说"良禽择木而栖，凤非梧桐不落"，形容梧桐树的繁茂能引来百鸟之王凤凰。秋天，梧桐的落叶让它带上了萧瑟怅然的色彩，无论是李白的"人烟寒橘柚，秋色老梧桐"，还是白居易的"春风桃李花开夜，秋雨梧桐叶落时"，梧桐都被用来寄托诗人伤感、忧愁、寂寞的感情。

相见欢·无言独上西楼
南唐·李煜

无言独上西楼，月如钩。

寂寞梧桐深院锁清秋。

剪不断，理还乱，是离愁。

别是一般滋味在心头。

梧与桐

古人所说的梧桐其实是两种树。梧，指的是现在我们所说的梧桐；桐，指的是泡桐。桐树的花形是筒状的，看上去有点像小喇叭。南方的白花泡桐每年3月开花，北方常见的毛泡桐每年4～5月开花，花是淡紫色的，上面还有细密的绒毛。秋天，毛泡桐枝头的褐色小球是它的花蕾，是为第二年的绽放提前储备能量的。

植物观察课

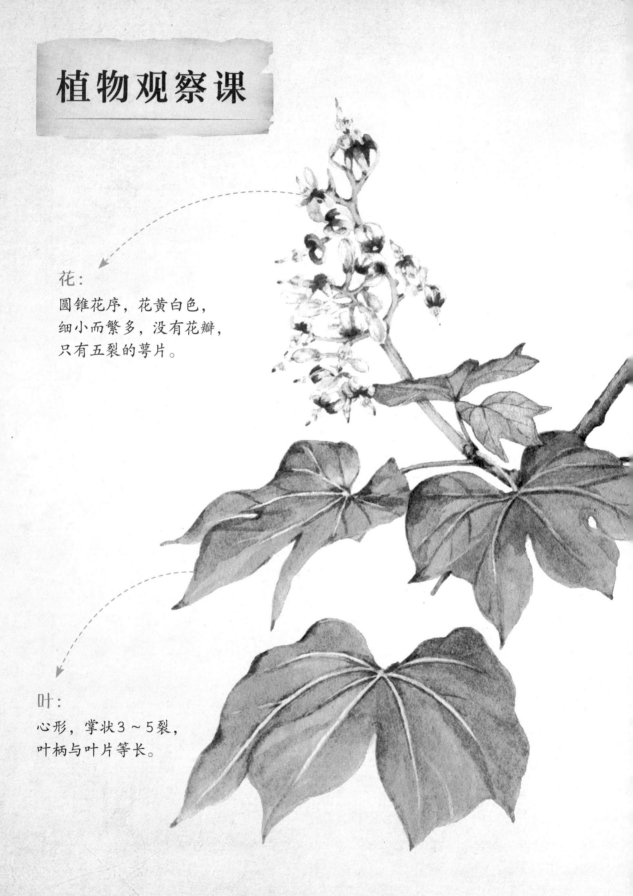

花:

圆锥花序, 花黄白色,
细小而繁多, 没有花瓣,
只有五裂的萼片。

叶:

心形, 掌状3~5裂,
叶柄与叶片等长。

未长大的果实

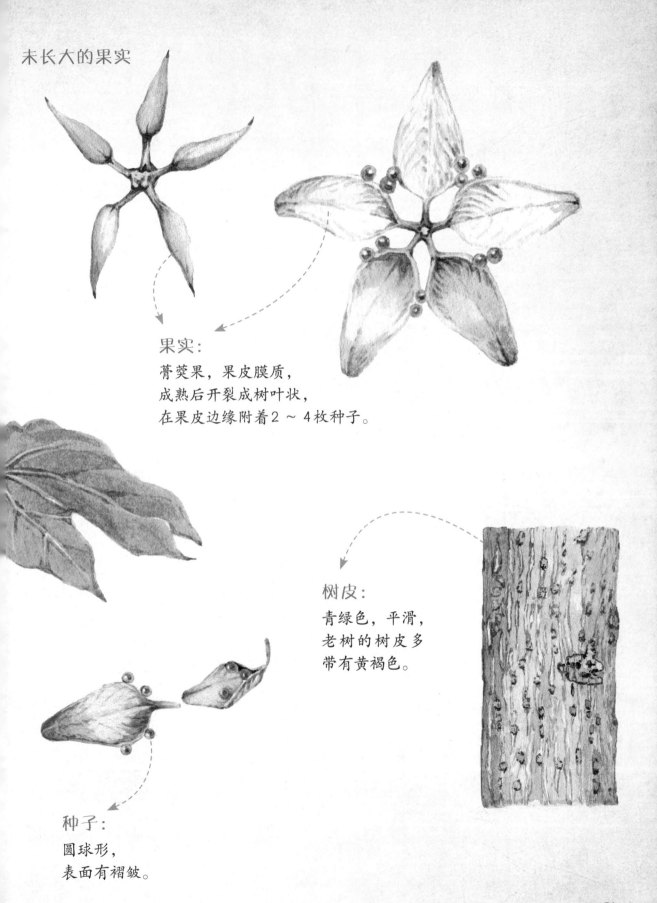

果实：
菁葖果，果皮膜质，
成熟后开裂成树叶状，
在果皮边缘附着2～4枚种子。

树皮：
青绿色，平滑，
老树的树皮多
带有黄褐色。

种子：
圆球形，
表面有褶皱。

构

平凡的造纸之材

别名: 毛桃、谷树、谷桑、构树

英文名: Paper Mulberry

科: 桑科

花期: 4～5月

分布地区: 几乎遍布全国各地

从夏末到秋初，街头巷尾、旷野山林以及各种犄角旮旯的地方，一两棵大树上会突然出现许多红彤彤的球形果实，好似节日里盛大的狂欢，这就是构树对秋天的致敬。构树，一种不需栽种就能自然生长的树种，属于我国本土植物。有关构树的文献最早见于《山海经》，很多山上都长着"榖"（gǔ），就是构树，可见其悠久的历史。构树被选为搭载"神舟六号"的六种太空苗之一，但树木看起来却相当低调，要不是因为这色彩鲜艳的果实，可能真的就无人问津了。

植物科学课

构树叶为什么"破破烂烂"?

构树的叶形千变万化,有的完全不裂,有的则分裂得很厉害,常常让人疑惑,这真的是一种树的叶子吗?植物学家专门研究过这个问题,发现构树幼树的叶片往往裂得更厉害一些,而大树的叶片往往不裂或只是浅裂。让昆虫误以为叶片已经"破烂不堪"而放弃在缺刻的叶片上产卵,正是构树进化出来的欺骗昆虫的智慧,是它的一种自我保护策略。

桑科植物的重要特征

如果把构树叶的叶柄掐断,会渗出白色的乳汁,这是制作金漆的一种原料。构树是桑科植物,创面流出或渗出稀稀的白色乳汁是桑科植物的一个重要特征,这是它们为了抵御昆虫、病菌侵扰的自我保护。汁液含有丰富的萜类化合物,具有强烈的抗菌能力,还有消炎、镇痛的功效。常见的桑科植物还有桑、无花果、菠萝蜜等。

植物文化课

人们熟悉的"它山之石,可以攻玉"出自《诗经·小雅·鹤鸣》,其中一句为"乐彼之园,爰有树檀,其下维榖",大意是说园子里的檀树长得高又高,檀树下有矮矮的构树。构树生长迅速,却很难成为可用的木材,因此曾一度被看作是恶木。名相王安石为它鸣不平,认为既然它生长迅速,很快就能枝繁叶茂,为什么不能用它来遮阴避暑呢?诗人也以它来借喻,应当不拘一格,推荐提拔拥有一技之长的人才。

咏榖

宋·王安石

可怜台上榖,

转目已阴繁。

不解诗人意,

何为乐彼园。

造纸的重要功臣

用树皮造纸,即为皮纸。制作皮纸用的树皮可不是随便选用的,而是选用韧性强的,构树就是制作皮纸的优质原材料。构树在我国古代就广泛分布,且易于繁殖,因而可大量生产。北宋时期,人们以构树皮为原料制成高质量楮纸,具有坚韧耐磨、耐折叠、细白光滑的特点。宋人用楮纸制成了世界上的第一张纸币——交子。

植物观察课

叶：
互生，卵形，叶子上有硬毛，有的不分裂，有的有3～5裂。

雄花：
雄花序是柔荑花序，像毛毛虫一样的穗状，下垂。

雌花：
雌花则为球形头状花序，暗红色，好似一个圆滚滚的小毛球，数百朵小花构成了这个球，那些伸出的长长细丝是雌蕊的花柱。

果实：

聚花果球形，绿色，成熟时变为较软的肉质，果肉和种子都为橘红色。

白蜡树

蜡中之王

别名：白蜡杆、青榔木、小叶白蜡、绒毛梣

英文名：Chinese Ash

科：木犀科

花期：4~5月

分布地区：我国各省区分布广泛，多为栽培

白蜡树为我国原产，栽培历史悠久。古时人们栽种白蜡，主要是用它的枝叶来养殖白蜡虫。大约从宋元时期开始，灯烛照明、祭祀、治疗疾病所用的蜡，就主要以白蜡虫为原材料来制作，白蜡树由此得名。在全世界所有动物蜡、植物蜡、矿物蜡和合成蜡中，白蜡有着"蜡中之王"的美誉。

白蜡树树干通直，树形端庄大气，生长较快，雌雄异株，寿命可达200多年。秋季，白蜡树树叶会变成美艳的明黄色，雌株上还会挂上密密麻麻的翅果。其翅果很有特点，远看像流苏一样，成串地挂在枝头上，仔细看，单枚翅果的形状像小小的船桨。

植物科学课

兵家好木材

白蜡树的木材坚韧且富有弹性，是古代兵器的常用材料。它洁白如玉，坚而不硬，柔而不折，可以弯曲成圆而不劈裂。长枪枪杆、棍棒就是巧用其柔韧性，赫赫有名的少林棍就是用它做成的。明朝，白杆枪成为军队最主要的装备，为保证军用而专门种植白蜡树。明末名将秦良玉带的兵就因为使用白蜡杆长枪而被称作白杆兵。

白蜡树上的小虫

如今我们用的蜡，主要来源是炼制石油的副产品石蜡。在古代，我国特产虫蜡的主要材料来源于一种名为白蜡虫的昆虫，它们的分泌物是提炼天然白蜡的原料。白蜡虫最适宜放养的寄主植物就是白蜡树。白蜡曾经是四川历史上重要的经济来源之一，甚至一度出现了影响广泛的"虫会"这一商品交易会。

植物文化课

高贵端庄 瑞气集结

在北欧神话中，白蜡木是"世界树"，它的树枝联结着九个世界，一旦树根被咬断，诸神的黄昏就会降临。在中国传统文化中，白蜡树因为树干直立高壮，长势繁盛，也被赞美为"亭亭玉立、高贵端庄"，被认为是"瑞气集结"的象征。

以量取胜的花粉攻势

白蜡树，和柏树、榆树、杨树、柳树、桑树一样，都是靠风来传播花粉的。春季开花传播花粉时，它们无一例外的都是以量取胜。白蜡树的花粉含量很高，经常可以看到树下的地面被掉落的花粉"染"成黄色。它的花粉也是过敏原之一。

趣味手工课

树皮拓印

1. 准备宣纸、喷壶、墨水、棉槌。

2. 将树皮喷湿，然后裹上宣纸，再喷湿。用棉槌轻轻压出树皮的纹理。

3. 稀释墨水，等纸略干后开始拓印。

4. 慢慢掀开宣纸，阴干，树皮拓印制作完成。

植物观察课

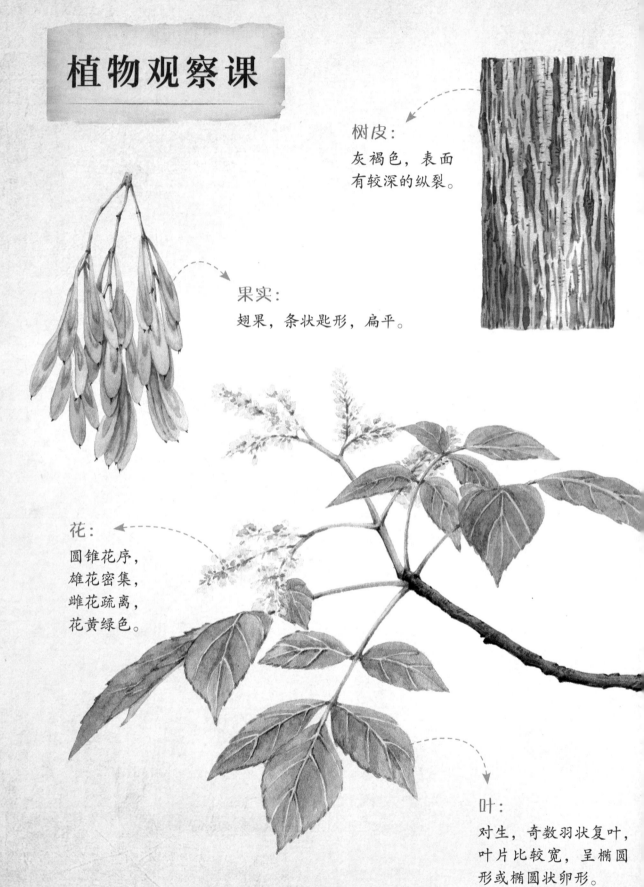

树皮：
灰褐色，表面有较深的纵裂。

果实：
翅果，条状匙形，扁平。

花：
圆锥花序，雄花密集，雌花疏离，花黄绿色。

叶：
对生，奇数羽状复叶，叶片比较宽，呈椭圆形或椭圆状卵形。